이용학개론

MEN' S CUT DESIGN

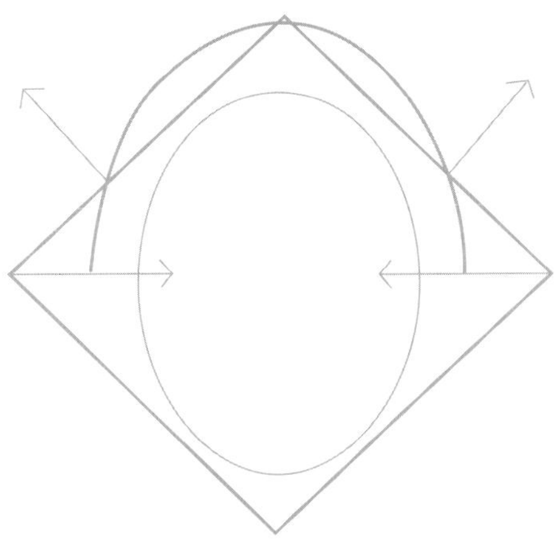

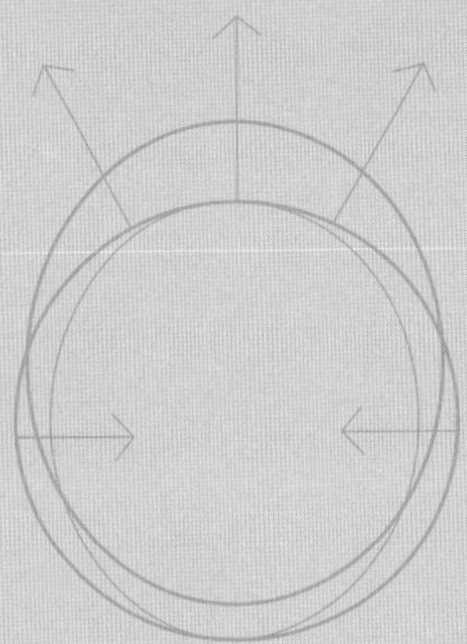

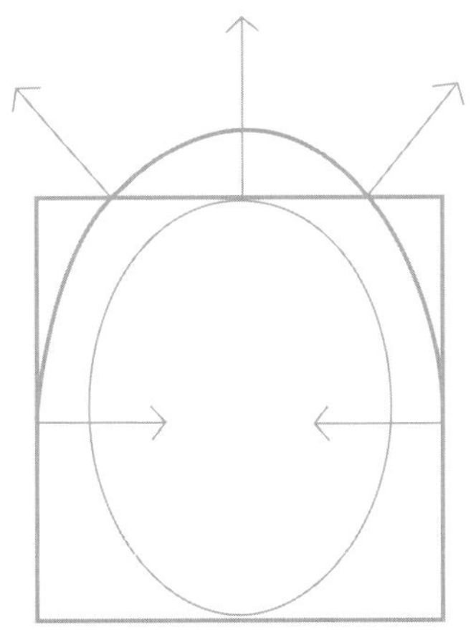

청구문화사

머 리 말

인류의 역사와 함께 시작된 이용의 역사는 종족보존의 본능에서부터 종교적인 이유나 위생상의 이유, 또는 아름다움의 추구에 이르기까지 여러 가지의 이유로 다양하고 수많은 형식과 문화를 창조하였으며 때로는 사회적으로도 커다란 비중을 차지하기도 하였다.

실제로 이용에 종사하는 이용사의 역할은 18세기 중엽 영국에서 이발사와 의사로 구별하기 이전까지는 골절이나 탈골 등의 외과적인 치료나 처치는 물론 필요할 경우에는 수술까지를 담당하는 등 사회적인 비중을 크게 차지하기도 하였다.

현재까지 사용되고 있는 이발소의 3색 표시등은 응급환자를 위해 눈에 잘 띄도록 빨강, 파랑, 백색으로 표시한 것이 시초였으며, 그 의미는 각각 동맥과 정맥 그리고 붕대를 의미한다. 또한 현재 사용되는 면도칼은 머리를 자르거나 면도를 할 때뿐만 아니라 수술에도 이용되기도 하였다.

그 후 산업혁명으로부터 시작된 눈부신 문명의 발전으로 경제적인 여유가 생기면서 아름다움을 추구하려는 욕구가 폭발적으로 창출되었으며, 헤어스타일과 패션이 세계적으로 유행하기 시작한 1960년경부터 미용은 사회적인 필요에 따라 이론적으로 체계화된 교육이 시작되어 현재에 이르기까지 눈부신 기술발전을 이루고 있다.

이에 비해 주로 남성을 상대로 했던 이용은 세계적인 유행의 흐름을 덜 받았던 이유로 발전 속도가 느렸으며 이에 따라 이론적으로 체계화된 교육이 미비하였던 것도 사실이다. 그러나 20세기말부터 시작된 남성들의 이미용 문화의 발전에 힘입어 최근에 이르러서는 이용과 미용을 합친 새로운 개념의 이미용 기술이 등장하게 되었다.

따라서 미용에 비해 상대적으로 발전이 미약했던 이용기술에 대한 과학적으로 이론화된 서적이 없는 현실을 항상 안타깝게 생각하던 중, 우선 국가자격시험에 대비하고 이용을 배우고자 하는 이들에게 이론적으로 이해하기 쉽고 과학적인 기초를 바탕으로 이용기술을 습득할 수 있도록 하기 위하여 그동안의 강의경험을 바탕으로 이 책을 출간하게 되었다.

평생을 이용업에 종사해온 저자가 인생의 황혼에 서서 평생을 정리하는 마음으로 원고정리에 오랜 시간을 두고 최선을 다하였으나 부족하고 잘못된 점이 많으리라 생각한다. 이러한 점들은 빠른 시일 내에 여러 선배제현님들의 고견을 들어 지속적으로 수정·보완해 나갈 것을 약속드리며 여러분들의 각별하신 애정과 성원을 고대하는 바이다.

끝으로 본 교재가 이용인이나 이용에 관여하고 있는 모든 분들 또한 이용을 공부하고자 하는 이들에게 작은 도움이라도 되어주길 소원하며, 본 교재를 만들기까지 힘이 되어주신 많은 분들과 생소한 분야의 이 책을 흔쾌히 출간하여 주신 청구문화사 이상태 사장님과 임직원 여러분께 깊은 감사의 마음을 드린다.

2006년 신춘

저자 識

◇ 차 례 ◇

제1편 이용 이론

제2편 이용 실기

제1장 조발술

제2장 면체술

제3편 소독 및 전염병학

제1장 소독학의 역사와 미생물

제2장 전염병학

제4편 공중보건학

제1장 공중보건학

제1편 이용 이론

제1장 이용의 의의

Ⅰ. 이용의 의의

1. 이용의 정의

이용의 역사는 아마 인류의 역사와 같이 시작되었을 것이다. 인간이 모발을 소중히 여기고 모발에 대하여 자주 손질을 한다는 것은 비단 자기 자신만의 만족을 위해서 뿐만 아니고 타인에게 자신을 보여주기 위한 요소가 될 뿐만 아니라 인간미를 표현하는데 최고의 수단일 것이다.

세계 2차 대전 전만 해도 『이용』은 단순히 『이발』로서만 만족했다. 즉, 단순하게 통일화된 모발형에 의하여 모발을 손질하는데 그쳤다. 그러던 것이 문화의 발달과 개성미를 추구하는 성향이 두드러지면서 단순한 조발, 즉 이발에 그치는 것이 아니라 개개인의 취미나 개성에 맞는 조형미를 이루는 예술로까지 발전하게 된 것이다.

그러므로 이용은 물리적으로 고객 개개인의 개성에 따라 알맞은 두발을 포함한 용모미를 창작하는 예술화 작업이다.

2. 이용의 특수성

이용은 조형예술·정적예술이며 부용예술이다. 이용의 소재는 각기 다른 개성을 가진 고객을 대상으로 미를 창출함에 있어 제한점이 따르는 특성을 가지고 있다.

첫째, 고객의 의사를 충분히 반영하여야 하며, 미의 기준이 서로 다를 수 있으므로 고객과 이용사 간의 충분한 대화를 통해 고객이 만족할 수 있도록 시술해 주어야 한다(의사표현의 제한).

둘째, 이용사는 이용의 소재를 자유롭게 선택할 수는 없다. 이용소재는 고객의 신체 일부이므로 마음대로 바꿀 수가 없는 것이다(소재선정의 제한).

셋째, 작품을 정해진 시간 내에 시술, 완성해야 하는 시간적 제한을 받기 때문에 숙련된 시술능력이 필요하다(시간적 제한).

넷째, 미술가나 조각가들은 작품 속에 자기의 사상을 자유롭게 표현할 수 있는 반면, 이용이나 건축은 부용예술이면서 정적예술이다(부용예술로써의 제한).

다섯째, 이용은 고객의 연령과 직업, 사회성과 유행성, 시간과 장소 등에 따라 시술해야 할 것이다(소재변화에 대한 고려).

3. 이용의 과정

이용사는 작품을 제작・완성하는데 있어서 소재・구상・제작・보정의 순서대로 계획적인 절차와 방법으로 시술하여야 한다.

1) 소 재

이용의 소재는 고객이 대상이므로 모발의 질, 두상의 형태, 얼굴의 형태, 신체의 모양 등 소재의 특성을 정확히 분석하는 단계이다.

2) 구 상

소재의 특성을 분석한 후 고객이 만족할만한 헤어디자인을 완성하는 단계이다.

3) 제 작

디자인을 완성한 후 그것을 충분히 표현하기 위해 기술력을 발휘하여 시술하는 단계이다.

4) 보 정

시술이 끝난 다음 완성된 작품과 디자인의 일치성을 관찰하여 수정・보완하여 작품을 완성시키는 단계이다.

Ⅱ. 이용사

1. 이용사의 사명

이용사는 이용사로서의 직업적·인간적·예술적 자질을 갖추고 위생적·문화적·미적 측면에서 사회에 공헌한다는 자부심과 긍지를 가져야 한다.

처음에는 위생적 측면에서 시작된 이발이 현대에 이르러 예술적 차원까지 발전하기에 이르렀다.

그러므로 이용사들은 시대 흐름에 맞추어 건전한 유행을 창조하여 미적·문화적으로 사회에 공헌함으로서 미를 창조하는 아티스트로 자리매김 하여야 할 것이다.

2. 이용사의 자질

이용사는 그 시대의 문화창조에 일익을 담당하고 있다.

그러므로 이용사는 인격배양에 힘써야 하며, 조형예술의 미적요소를 축척하도록 하여야 한다. 또한 그것을 정확히 표현하기 위하여 과학적인 시술능력을 습득하여 고객으로부터 신뢰받는 이용사가 되어야 할 것이다.

제2장 이용의 발달사

Ⅰ. 이용(理容)의 역사

이용의 역사는 B.C(서기전) 1900년경에 헤브라이(Hebrai)족의 추장이 죄인을 처벌할 때 두발을 삭발했고, 그 두발이 자랄 때까지 속죄하던 유래로부터 시작되었다고 볼 수 있다.

그 후 중세기라고 할 수 있는 7~8세기경부터 외과의로서 업무를 수행하였으며, 의학이 발달하면서 외과가 의학의 분야로 기록되게 된 것이 12~13세기경부터였다.

당시의 사상에서는 상처의 치료나 수술을 한다는 것을 천시하였으며 일부 귀족이나 승려, 내과의사에 한하여 높은 지위가 보장되었다.

그 당시 외과를 담당하고 있었던 것은 외과전문의 · 이발외과의 · 욕장외과의 · 잡의 등이었으며 사회적 신분은 낮은 편에 속했다. 그러다가 18세기말에 눈부신 발전을 보여 외과전문의 분야에서 이발외과의 독립이 있었다.

근세까지 이발외과의 영역은 조발 · 면도 · 외과수술 · 상처의 치료 심지어 치아뽑기 · 전염병 등의 병을 치료하고 이외에 부인과의 영역까지 시술을 할 수 있을 정도로 넓은 영역이 인정되어 왔으나, 19세기에 들어오면서 기계문명의 발달과 학문의 분업화로 인하여 이발외과 역시 단순 기술로서 명맥을 유지해오다가 현대에 이르러 이발외과의는 완전히 소멸되었다.

Ⅱ. 유럽의 이용외과

1. 프랑스

프랑스에서의 이발외과 의사의 역사는 11세기 말경에 이미 동조합이 결성되었고 이때 파리에는 "산고무" 학원(서구의 유일한 외과학교)이 설립되어 이발외과의도 이 학원에서 배출되었으며 전문외과의와 이발외과의의 구별은 코트의 길이로 나타내었다. 전문외과의의 코트는 길었으며 장의외과의라고 불렀으며 이발외과의의 코트는 짧아 단의외과의라고 부르기도 했다. 루이 11세의 이발을 담당한 오리무리 에루덴은 이발외과의사로서 귀족으로 있었으며 파레는 35세 때인 1545년 "총상과 그 치료법"이란 저서를 발간하였으며, 그 저서에 파리 이용사 대표 겸 외과의사라 표기하였다.

그러다가 서기 1804년 나폴레옹의 제1제정당시 인구의 증가와 사회구조의 변화로 인하여 외과에서 이발을 완전 분리시켜 업무를 담당케 했다. 이때 세계 최초의 이용사라 할 수 있는 쟌바버(Joan Barber)가 외과에서 이발을 완전 독립시켜 업무를 시작하였다.

2. 영 국

영국의 이발외과의도 다른 나라와 대체로 비슷하였다. 영국에서는 이발외과의의 조합이 1308년에 결성되었으며 전문외과의와 이발외과의의 차이를 프랑스와 마찬가지로 긴 코트와 짧은 코트로 나뉘었으며 1745년경 분리되었다.

3. 그 밖의 나라

독일에서는 쟌발후일(부인과 의사), 데덴(군대의료 위생의 권위자), 윌리엄 가루레레(에덴바라 대학교수) 등이 이발외과의로서 활약하였으며 가까운 일본에서는 1860년경에 三本正吉 등이 요코하마에 정박한 포르투칼 이발사로부터 기술을 습득한 것이 일본 이발의 시초였다.

Ⅲ. 우리나라의 이용 역사

우리나라는 옛적부터 머리를 소중히 여기는 풍습이 자리 잡고 있었다. 그러나 김홍집 내각은 을미사변 이후 내정개혁에 주력하였던바 서기 1895년 조선개국 504년 11월 15일에 맞추어 11월 17일을 건양원년(建陽元年) 1월 1일로 정하고 음력을 양력으로 개정하는 동시에 전국에 단발령을 선포하였다.

그러나 유교사상에 젖어 있었던 당시 사회에서는 이를 수용하지 못하였고 극심한 반대에 부딪힌 김홍집 내각은 당시 개혁사상이 투철했던 유길준·정병화·안종호 대신 등이 직접 가위를 들고 고종과 세자의 머리를 깎음으로써 각부 대신들도 이에 따랐다.

그때부터 체두관을 전국 각지에 보내어 강제로 국민들의 머리를 깎게 하였으며 안종호 옹은 방역회(防疫會)를 조직하여 그 첫 사업으로 서울 종로에 이용원을 개설하여 우리나라 최초의 이용인으로 등장하게 되었다.

제3장 이용기계와 기구

Ⅰ. 이용기계

이용기계는 포괄적으로 이용기구도 포함되어 설명되나 개인기구를 제외한 업장에 비치된 자외선 소독기나 이용의자 등을 말한다.

Ⅱ. 이용기구

이용기구는 시대적 변화와 기계기술의 발달로 인하여 많은 발전을 가져왔으며 특히 신소재의 발견에 따라 다양한 기구가 생산되었다.

1. 바리캉(Barigan)

바리캉은 1871년 프랑스 바리캉미르(Bariganclmer) 회사에서 제작되어 사용하게 되었으며 그 원리에 기초를 두어 많은 발전을 가져왔다.

1) 쌍수기

지금은 사용하지 않고 있으며 우리나라에서는 해방 전후까지 사용하였다.

양손으로 기계 동작을 하였기 때문에 쌍수기라 하며 수동식이다.

[그림 1-1] 쌍수기

2) 외수기(편수기)

현재까지도 사용하고 있으며, 외수기의 등장으로 인하여 쌍수기가 퇴보하였으며, 한 손으로 사용하게끔 제작되었기 때문에 외수기라 한다. 수동식이다.

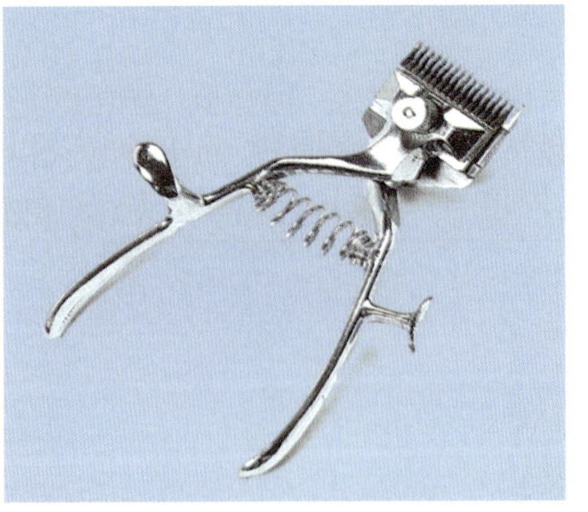

[그림 1-2] 외수기

3) 전동식 편수기

모터식이라고도 하며 전기를 이용하여 사용하였다.

이때부터 수동식은 점점 퇴보하였으며 이발술의 발전을 가져왔다.

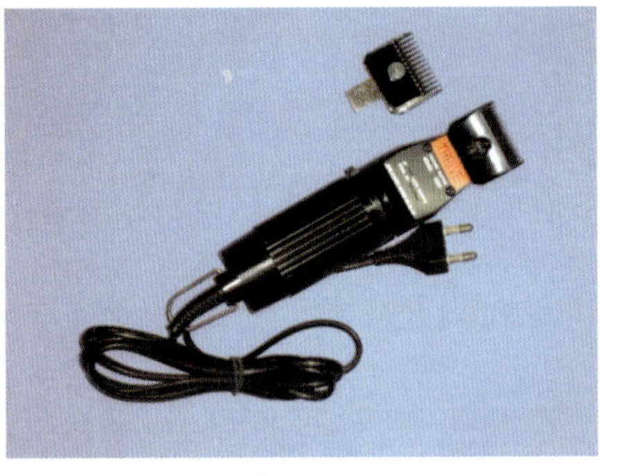

[그림 1-3] 전동식 편수기

4) 전자식 편수기

마그네틱식이라고도 하며 전기를 이용하여 직접 사용하거나 충전을 하여 사용하기도 한다. 현재에 가장 많이 사용되고 있다.

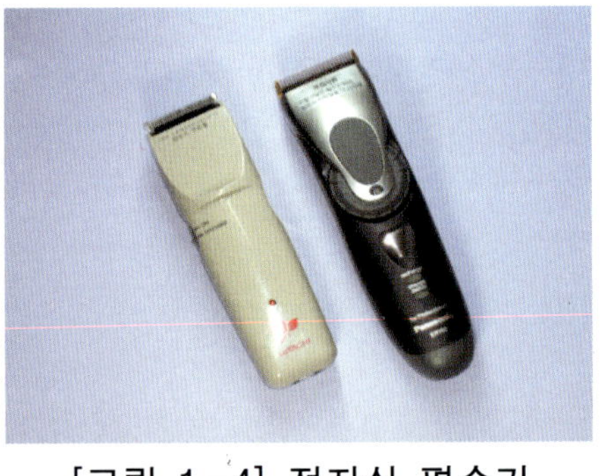

[그림 1-4] 전자식 편수기

2. 가위(Scissors)

가위는 이발에 없어서는 안 될 가장 기초적이며 대표적 기구이다. 길이에 따라 4인치에서 7인치까지 여러 종류가 있으며 소재와 이발 방법에 따라 선택하여 쓰여 진다. 또한 재질에 따라 착강가위와 전강가위로 나누어진다.

1) 착강가위

협신부와 가위날의 부분이 다른 강철로 되어 있으며 협신부에 쓰이는 강철은 연강이고, 날의 부분은 특수강으로 제작되어 있다.

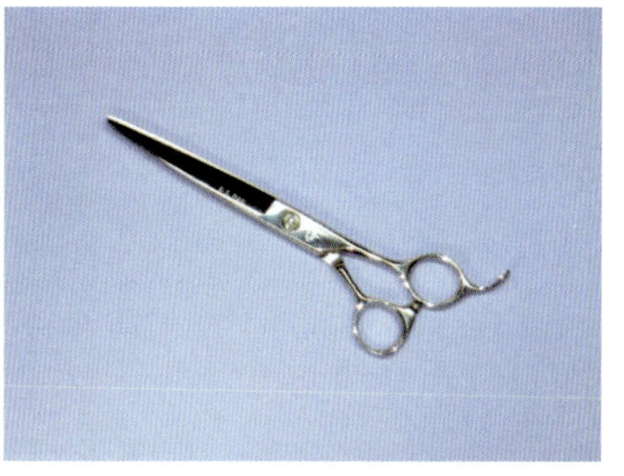

[그림 1-5] 착강가위

2) 전강가위

전강가위는 가위 전체가 특수강으로 제작되어 있다.

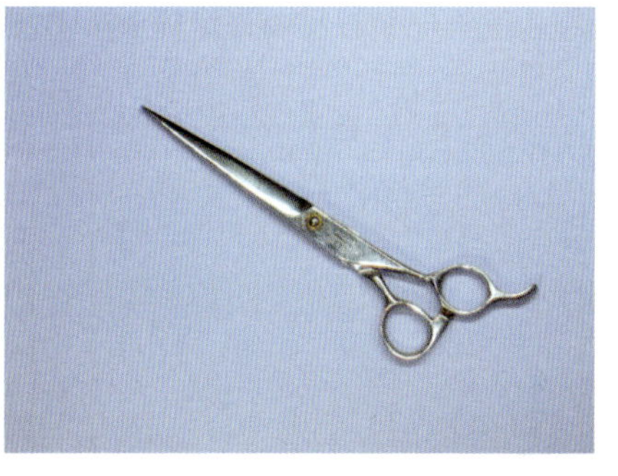

[그림 1-6] 전강가위

3. 틴닝가위(Thinning Scissors)

틴닝은 가늘게 하다. 사이를 쳐서 모발의 양을 줄인다는 뜻이다. 틴닝가위는 모발의 양감을 조절하는데 쓰이며 가위 날의 수에 따라 30, 35, 40 등으로 보통 나누어지며 모발의 질과 모발의 양에 따라 선택하여 사용한다.

일반적으로 백분율을 나타내며 여러 가지의 날을 가진 특수한 틴닝가위도 있다.

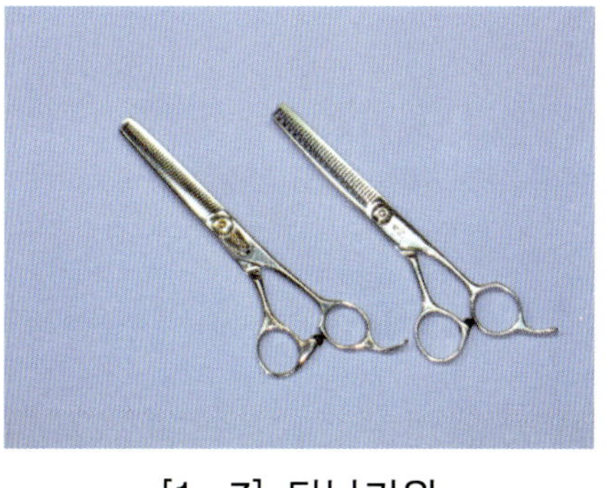

[1-7] 틴닝가위

4. 레이저(Razor)

레이저는 일반적으로 면체용 기구로서 발전하여 왔다. 현재에도 면도를 할 때 사용하고 있으나 이발술의 발달로 모발 컷트용 레이저도 생산되어 사용되고 있다.

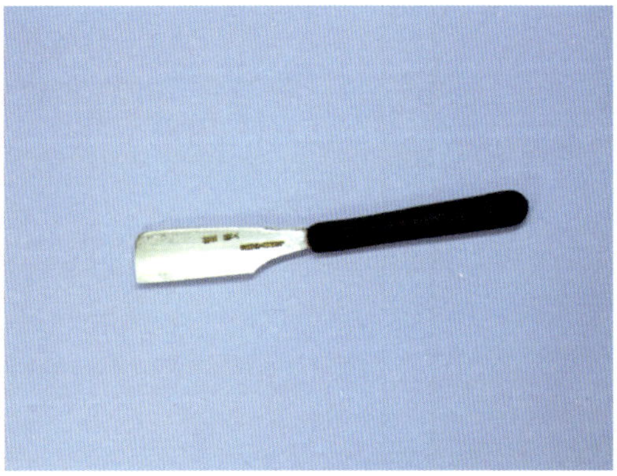

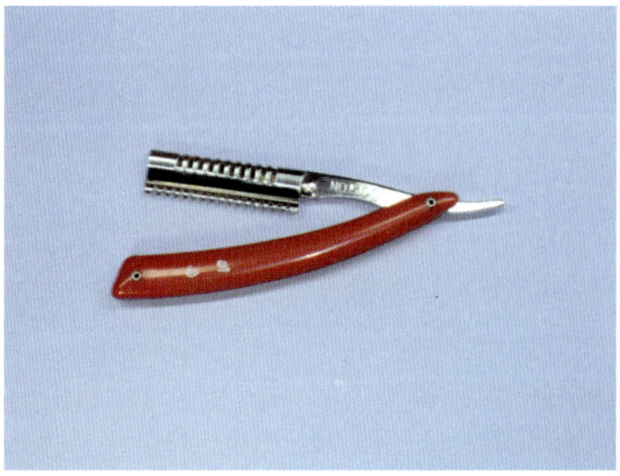

[그림 1-8] 레이저의 종류

5. 빗(Comb)

빗은 이발용과 정발용으로 크게 두가지로 나누며 이발용 빗에서도 용도에 따라 나누어진다. 빗의 용도는 이발에 있어서 매우 중요하다. 바늘과 실의 관계처럼 가위와 빗은 항상 같이 사용된다. 한마디로 요약하면 이발은 빗이 한다고 말할 수 있다. 그러므로 빗은 용도에 따라 정확히 선택하여 사용하여야 한다.

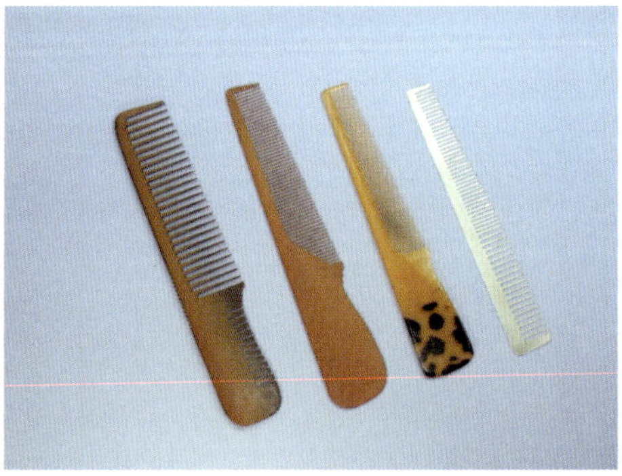

[그림 1-9] 빗의 종류

6. 헤어 아이론(Hair Iron)

헤어 아이론은 프랑스의 마셀그라드가 1875년에 발명하였다.

처음에는 여성의 웨이브용으로 만들었으나 20세기 초 남성의 카이젤 수염 다듬기용 아이론도 생산하였다. 지금 사용되는 전기 아이론은 1925년에 발명되었다.

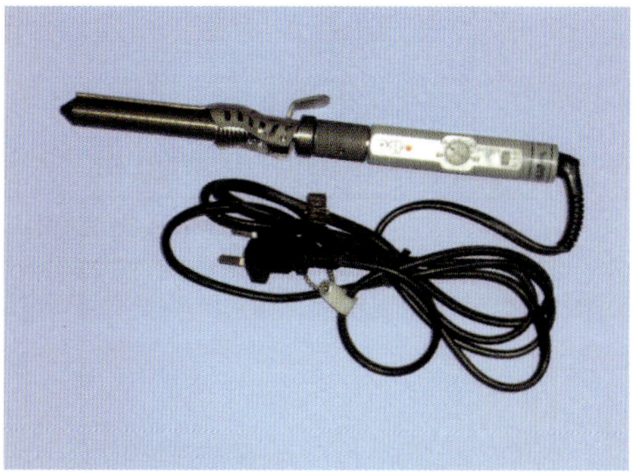

[그림 1-10] 헤어 아이론

7. 헤어 드라이어(Hair Dryer)

헤어 드라이어는 젖은 모발을 건조시키는 작용은 물론 헤어스타일을 완성시키는데 사용된다. 헤어 드라이어에는 몇 가지 종류가 있으나 이용에서는 핸드 드라이어를 주로 사용하고 있다.

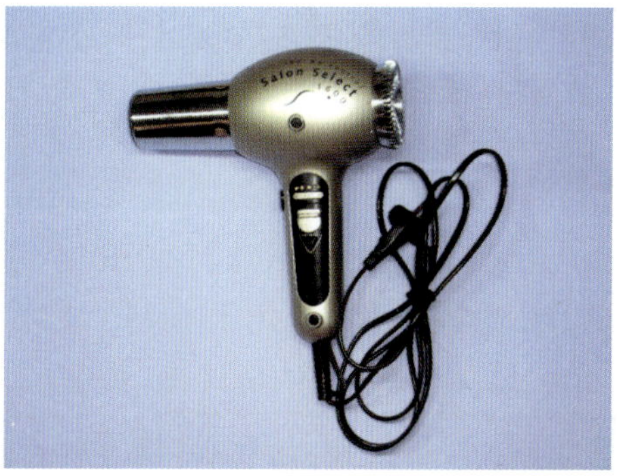

[그림 1-11] 헤어 드라이어

제4장 모발 이용 이론

Ⅰ. 모발의 개요

모는 피부의 변성물로서 피부보호, 신체장식, 용모를 갖추는 미용적 역할을 하며 체온조절 및 수렴작용, 지각작용도 한다.

또한 모의 표피인 각질은 화학약품에 대하여 강한 저항력을 가지고 있으나 알카리와 열에는 약하다.

모는 거의 전신을 덮고 있으나 모가 전혀 없는 곳은 손바닥, 발바닥, 손, 발가락의 굴곡진 면, 입술, 귀두, 젖꼭지, 소음순 등의 부위로 한정되어 있다.

Ⅱ. 모발의 구조

모발은 크게 모근과 모간으로 나눈다. 모근은 피부내에 있는 것을 말하며, 모간은 피부 밖으로 나와 있는 것을 말한다.

1. 모근(Hair root)

1) 모낭(hair follicle)

작고 긴 관모양으로 피부 안쪽으로 움푹 들어가 모근을 싸고 있으며 모낭벽은 표피와 같으며 전체적으로 나팔형이다.

2) 모유두(papilla)

모낭 끝에 말발굽 모양의 돌기조직으로 신경과 혈관에 직결되어 있고 영양을 주거나 모발의 발생 또는 육성의 전부를 조정하고 있으며 모발의 재생을 담당하고 있다.

3) 모구(bulb)

모유두 위의 둥근 부분을 말하며 내부는 모모세포와 멜라노사이트로 구성되어 있다.

4) 피지선(sebaceous gland)

피지선은 대개 모낭벽에 붙어 있으며 모공을 통하여 피지를 분비하여 모발이나 피부를 매끄럽게 해준다.

피지선이 털과 관계없이 독립적으로 존재하는 곳은 입술, 눈두덩, 젖꼭지, 음부 등으로 이런 곳에 존재하는 피지선을 독립 피지선이라 한다.

5) 기모근(arrector pili muscle)

모낭벽에 붙어 있는 작은 근육으로 추위를 느끼거나 공포감을 느끼면 수축하는데 소름을 돋게 하거나 털이 수직으로 일어난다. 눈썹, 속눈썹, 코털, 겨드랑이 털 등에는 기모근이 없다.

6) 내모근조(Inner root sheath), 외모근조(outer root sheath)

모구부에서 발생한 모발을 완전히 각화가 종결될 때까지 보호하고 피부표피까지 운송하는 역할을 한다. 모발의 성장과 함께 위로 밀려 올라가 나중에는 비듬이 되어 두피에서 떨어진다.

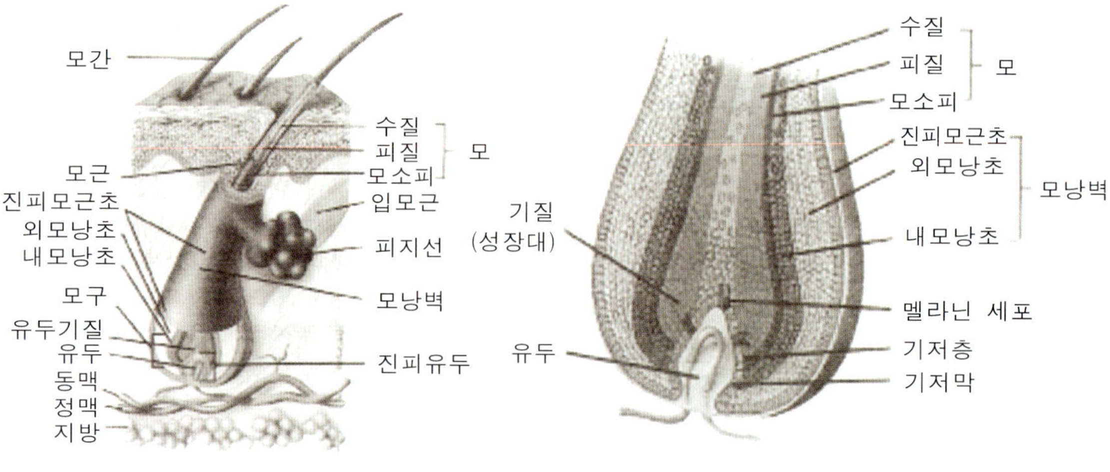

[그림 1-12] 모근의 구조

7) 모모세포(hair-mother cell)

모유두를 덮고 있으며 끊임없는 세포분열로 모발 생장에 매우 중요한 역할을 하고 있으며 그 위치에 따라 모표피, 모피질, 모수질로 분화되어 성장한다.

8) 멜라노사이트(Melanocyte)

모발의 색을 결정짓는 멜라닌(melanin)을 생성하는 색소형성세포로서 모유두를 덮고 있는 모모세포 사이사이에 존재하며 생성한 멜라닌은 모모세포 성장과 함께 위로 밀려 올라간다.

2. 모간(hair shaft)

1) 모표피(Cuticle)

모발의 가장 바깥층으로 케라틴(keratin)이라는 경단백질로 구성되어 있다.

모표피는 기름과의 친화력이 강한 친유성으로 물과 약제의 침투에 대한 저항력은 강하나 기계적인 자극에는 약한 편이다.

건강모는 비늘 상태가 규칙적으로 겹쳐져 있으므로 광택이 있고 외부 자극에도 손상을 적게 받는다. 모발이 손상되었다는 것은 큐티클(cuticle)층이 손상되었다는 의미이며 한번 손상된 모발은 스스로의 재생 능력은 없지만 특수 영양물질로 손상된 부분을 채워 매끄럽게 해줄 수는 있다.

모표피는 외부의 여러 가지 자극으로부터 모발의 내부를 보호하고 모발의 습윤성, 광택 등 모발성질을 좌우한다.

2) 모피질(Cortex)

모발의 가장 중요한 부분으로서 모수질과 모표피 사이에 있는 층이며 모발면적의 75~90%를 차지하고 있으며 섬유 모양으로 되어있다. 반추형의 세포가 세로로 나열되어 있으며 세포 속에는 다량의 색소과립과 간층물질로 구성되어 있다. 모피질은 모발에 탄력과 강도를 주며 모발의 질을 결정한다. 모발의 색상은 멜라닌 색소에 의해 결정되며 퍼머넨트나 염색, 탈색의 과정도 모피질 층에서 이루어진다.

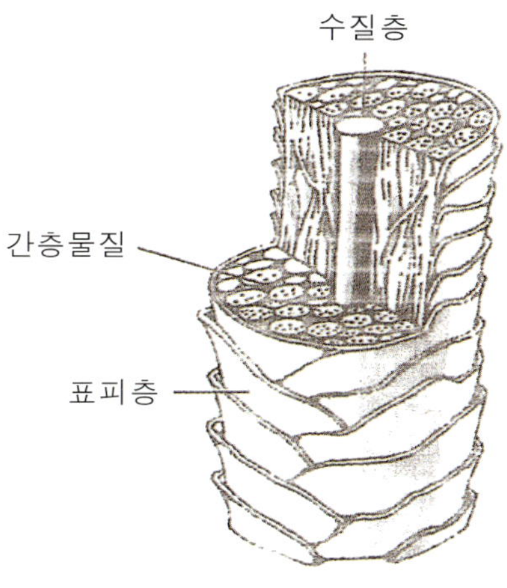

[그림 1-13] 모발의 단면도

3) 모수질(Medulla)

모발의 중심부에 있으며 벌집모양으로 된 여러 개의 공포(空胞)가 있다. 그 속에 공기를 함유하므로 보온 역할을 한다. 굵은 경모에는 존재하지만 연모에는 거의 없다.

Ⅲ. 모발의 주기

모발은 하루에 0.3~0.5mm 정도 자라며, 성장 속도는 신체 부위, 연령, 건강상태에 따라 차이가 있으며, 시간대별 호르몬에 따라서도 차이가 생긴다. 또 모발은 일정한 수명이 있으며 성장기, 퇴화기, 휴지기, 발생기의 단계를 거치면서 성장과 탈모를 거듭한다. 두발의 모주기는 보통 남성이 3~5년이며 여성은 4~6년이다. 또 남성 수염은 2~3년, 속눈썹과 눈썹은 3~5개월 정도이다.

1. 성장기(anagen stage)

모구부와 모유두가 결합되어 모발이 계속적으로 성장하는 단계로 평균 수명은 3~6년이다.

2. 퇴화기(catagen stage)

모구부가 수축하여 모유두와 분리되어 성장이 느려지고, 천천히 퇴화하는데 퇴화기간은 1~1.5개월이다.

3. 휴지기(telogen stage)

모낭이 더욱 쪼그라들어 모발이 모낭의 상부로 밀려 올라가 브러싱과 같은 물리적인 자극으로 자연 탈락되는 단계이다.

4. 발생기

모낭에 둘러싸여 있던 모구부가 모유두와 다시 결합하여 새로운 모발을 생장시키는 단계이다. 신생모는 휴지기에 있던 모발을 밀어내어 탈모시킨다.

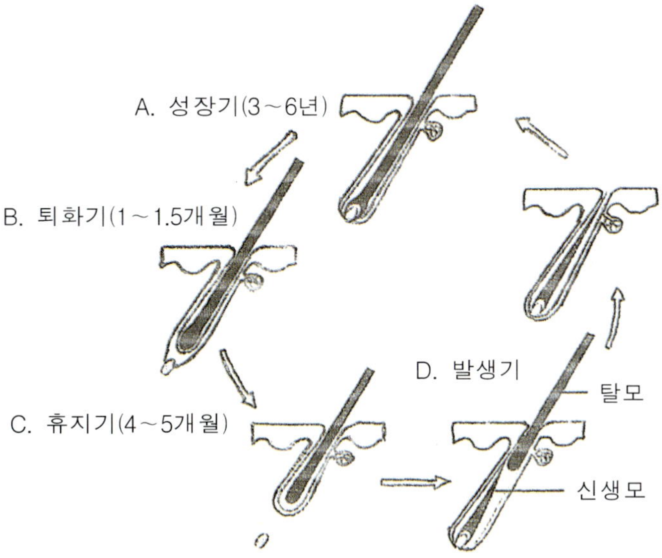

[그림 1-14] 모발의 주기

Ⅳ. 모발의 특성

1. 모발의 물리적 성질

1) 질감(Texture)

모발의 질감은 각 개인의 모발직경에 따라 달라진다.

모발의 직경이 가늘면 가늘수록 염색이나 퍼머넨트 웨이브가 빨리 이루어지나 개인의 영양상태나 건강상태에 따라 차이가 날 수 있다.

2) 밀도(Tensity)

모발의 밀도는 각 개인의 모발의 수에 의해 결정되며, 모발의 색상에 따라 다르다. 보통 10만개의 모발을 지니고 있으나, 금발은 약 15만개, 갈색 모발은 약 11만개, 흑색 모발은 약 10만개, 적색 모발은 약 9만개의 모발을 지니고 있다.

3) 탄력성(Elasticity)

모발의 탄력성이란 모발을 최대한 잡아 당겼다가 놓았을 때, 원상태로 되돌아가는 성질을 말한다. 건강한 모발일수록 탄력성이 우수하다.

4) 강도(Intensity)

모발의 강도는 모발을 잡아 당겼을 때, 끊어지지 않고 견디는 힘을 말하며, 보통 모발의 강도는 150g 정도이다. 모발강도가 높을수록 건강한 모발이며, 나이, 환경, 화학적 처리에 의해 영향을 받는다.

5) 다공성(Porosity)

모발의 다공성이란 모발 속을 채우고 있는 단백질이 염색이나 탈색, 퍼머넨트 웨이브 등의 화학처리로 인하여 손실되어 모발조직 중에 빈 공간이 많아지는 것을 말한다.

또한 모표피의 상태에 따라 다공성의 정도를 결정짓기도 하는데, 건강한 모발일수록 모표피가 규칙적으로 겹쳐져 있어 염색이나 탈색, 퍼머넨트 웨이브제를 과다하게 흡수하지 않는다.

반대로 손상모의 경우 모표피가 열려있어 화학제의 과다 흡수로 인한 모발손상이 가중되어 일어난다.

6) 수분성(Moisture)

모발의 수분성이란 모발의 수분함유량에 따라 모발 상태가 달라지는 것을 말하며 공기 중의 습도가 높으면 수분을 흡수하고, 건조하면 수분을 빼앗기게 되는 성질을 갖고 있기 때문이다.

수분은 모발에 매우 필요한 것으로서 모발의 수분 함유량은 10~15%일 때가 가장 이상적이다. 그러므로 모발이 건조해지지 않도록 하기 위하여 헤어크림(hair cream)이나 헤어 트리트먼트(hair treatment)제를 사용하여 모발의 수분함유량을 유지시켜 주는 것이 필요하다.

7) 색상(Color)

모발의 색상은 멜라닌 색소의 양과 분포 정도에 따라 흑색, 갈색, 적색, 금발, 백발로 나누어진다.

모발의 색상은 대부분 유전에 의해 결정되는데, 모발이 희어지는 것은 피질층의 멜라닌 색소가 없어지기 때문이다.

2. 모발의 화학적 특징

1) 모발과 pH(Power of Hydrogen Ions: 수포 이온 농도 지수)

모발 단백질의 특성은 산에는 대체로 강하나 알카리에는 약한 성질을 가지고 있다.

pH7은 중성이며, 이보다 pH가 낮으면 산성이다. 약산성에는 큐티클이 수축되어 밀착되고, 모발에 윤기와 광택을 주지만 강산에는 분해되는 성질이 있다. pH가 7보다 높으면 알카리성이며 모발의 큐티클은 알카리 용액에 의해 열리고 팽윤되므로 퍼머넌트 웨이브 및 염색 시술을 용이하도록 돕는다.

그러나 pH가 높아질수록 모발은 자극이 심하게 되어 손상이 커지므로 모발 본래의 등전점(pH 4.5~5.5)을 유지 할 수 있도록 모발관리가 필수적이다.

Ⅴ. 모발의 구성성분

모발은 대부분이 경단백질(Keratin 80~90%)이며 수분(10~15%), 피지(1~8%), 멜라닌(3% 이하), 미량원소(0.6~1.0%) 등으로 이루어져 있다.

모발의 주성분은 시스틴(cystine)을 14~18% 함유하고 있는 케라틴(keratin)이라는 단백질이다. 단백질은 아미노산(aminoacid)으로 이루어져 있고, 아미노산은 탄소(C, Carbon) 50~60%, 산소(O, Oxygen) 15~30%, 질소(N, Nitrogen) 8~12%, 수소(H, Hydrogen) 4~5%, 그리고 황(S, Sulfur) 2~4%로 구성되어 있다.

모발은 이러한 원소로 구성된 약 18여종의 아미노산이 길게 연결되어 폴리펩티드(Polypeptide) 구조를 이룬다. 시스틴은 다른 단백질에는 존재하지 않거나 미량 밖에 존재하지 않지만 모발에는 다량으로 함유되어 있는 사실로 보아 이것이 케라틴의 물리적, 화학적 성질을 특징짓는 것이라 말할 수 있다.

Ⅵ. 모발의 분류

1. 경모(terminal hair)

억센 털인 경모는 장모와 단모로 구분되어지는데, 장모는 두발 · 수염 · 겨드랑이털 · 생식기의 음모 등이며 단모는 눈썹(미모) · 속눈썹 · 귀털(이모) · 코털(비모) 등이 있다.

2. 연모(lanugo hair)

연모는 솜털이라고도 하며 취모, 즉 얼굴 · 몸통 · 사지에 난 매우 섬세하고 짧은 털을 말하며 수질이 없다.

제5장 모발 및 두피관리

Ⅰ. 모발관리(Hair Treatment)

1. 모발관리의 의의와 목적

모발관리란 모발의 손상원인에 따라 물리적, 화학적 방법으로 손상모를 본래의 건강한 상태로 회복시키는 것을 말하며, 퍼머넨트 웨이브, 염색, 탈색 등의 시술 전이나 시술 후에도 필요하다.

또한 모발의 가장 바깥층인 모표피를 단단하게 하고 모발의 적정한 수분함량을 정상인 상태로 회복시키는데 그 목적이 있다고 하겠다.

2. 모발관리의 종류

1) 헤어 리컨디셔닝(Hair Reconditioning)

헤어 리컨디셔닝이란 손상된 모발을 치료하여 손상되기 전의 모발상태로 되돌려 주는 것을 의미하며, 다음과 같은 방법에 의한다.

① 피지선의 작용을 활발하기 위해 스켈프 머니플레이션과 브러싱을 행한다. 브러시는 부드러운 동물 털을 선택한다.
② 두피의 청결을 유지하고, 피지선 및 한선의 작용을 활발하게 한다.
③ 이상성 모발의 상태는 매우 다양하므로 그 상태에 맞는 트리트먼트 시술을 하도록 한다.

모발이 건성일 경우에는 핫 오일 트리트먼트제를 사용하며, 열을 가할 경우에는 크림 컨디셔너제를 사용하는 것이 좋다.

2) 헤어 클립핑(Hair Clipping)

모표피가 벗겨졌거나, 모발 끝이 갈라진 모발을 제거하는 것이 그 목적이다.

3) 헤어 팩(Hair Pack)

얼굴팩과 마찬가지로 모발에 영양분을 흡수시키기 위하여 실시한다. 샴푸 후 트리트먼트 크림을 충분히 발라 헤어 마사지를 한 다음 45°~50℃의 온도로 10분간 스티밍을 하고 난 다음 플레인 린스(plain rinse)를 한다.

4) 신징(Singeing)

신징은 부스러지거나 갈라진 모발로부터 영양물이 흐르는 것을 막고 불필요한 모발을 제거하여 건강한 모발의 발육을 조장하며, 온열자극에 의해 두피에 혈액순환을 촉진하기 위해 신징왁스나 신징기를 사용한다.

3. 헤어 컨디셔너제의 기능

헤어 리컨디션닝 시술에 사용되는 컨디셔너제는 산성 pH를 띄고 있으며 모발 샴푸로도 사용된다. 단백질이라고 하는 유기적 수용성 성분을 함유하고 있어 모발에 얇은 보호막을 형성한다.

4. 모발의 질환

1) 원형 탈모증(alopecia areata)

정신적 불안과 스트레스로 기인하나 원인이 일정하지 않으며, 자각 증상 없이 둥근 모양으로 털이 빠진다.

2) 비강성 탈모증

비듬이 많은 사람에게 발생하기 쉬우며, 모발이 드문드문 빠지는 것을 말한다. 그리고 유전성이 있다.

3) 결발성 탈모증

기계적인 자극에 의해 나타나는 것으로서 모발을 강하게 잡아당기거나 묶는 머리에서 발생하는 경우가 많다.

4) 결절 염모증

모발이 세로로 갈라지는 것을 말하며, 영양상태가 좋지 않거나 지방질 부족으로도 모발이 건조되면서 발생한다.

5) 사모 탈모증

모래알 모양의 단단하고 작은 결절이 생기는 것을 말하며, 부인에게서 많이 발생한다.

6) 황균모(탈모균) 탈모증

방사균에 의해 겨드랑이 털을 침범하는 경우가 많다.

7) 증후성 탈모증

전염병이나 폐렴 등을 앓고 난 후 탈모가 되는 경우를 말한다.

8) 지루성 탈모증

피부 피지선 분비물이 병적으로 많아 두발이 빠지는 것을 말한다.

5. 모발의 영양

1) 비타민 A

모발이 건조해지고, 부스러지는 것을 방지한다.

2) 비타민 B_1

모발에 비듬을 방지한다. B_1이 부족하면 두피에 열이 생기고 건조해져 각질층이 헐어 떨어지게 되는데, 이것이 비듬이다.

3) 비타민 C

비타민 C가 부족하면 모발이 희게 되는 원인이 되며 스트레스를 방지하기 위해 비타민 C가 많이 함유된 음식물을 섭취하는 것이 좋다.

4) 비타민 E, F

필수 지방산으로서 모발을 윤택하게 해준다.

5) 요오드

모발의 발육을 촉진하는 역할을 한다.

Ⅱ. 두피관리(Scalp treatment)

1. 두피관리의 의의와 목적

두피관리란 두피손질 및 두피처치를 말하며, 두피 및 두발의 건강과 아름다움을 유지시키는데 그 목적이 있다.

두피손질을 행하기 위해서는 먼저 두피의 성질을 이해해야 하며, 두피는 다른 피부와 같이 건강한 두피, 지성두피, 건성두피로 나눌 수 있다.

건강한 두피란 항상 적당한 지방막으로 싸여 있으며, 정상적인 각화작용을 하는 것을 말한다. 지성두피는 피지분비가 과잉된 상태를 말하며, 건성두피는 피지분비가 부족하여 건조하고, 각화작용이 순조롭게 이루어지지 않는 상태를 말한다.

또한 건강하고 아름다운 모발을 유지하기 위해서는 비듬을 제거하고 예방하여야 하며, 두피의 혈액순환을 촉진시켜 생리기능을 향상시킨다. 또 모근에 자극을 주어 탈모를 방지하고 모발의 발육을 촉진하며, 두피나 모발에 유분 및 수분을 공급하여 모발을 윤기있게 하여야 한다.

2. 두피관리의 시술방법

1) 물리적 방법

두피에 물리적 자극을 주어 두피 및 모발의 생리기능을 건강하게 유지하는 방법으로 브러시(brush)나 빗(comb)을 응용하는 방법. 스캘프 머니플레이션(scalp manipulation)에 의한 방법, 스팀 타올이나 헤어 스티머(hair steamer) 등의 습열, 적외선 등의 온열을 이용하는 방법이 있다.

2) 화학적인 방법

양모제를 사용해서 두피 및 모발의 생리기능을 건강하게 유지시키는 방법으로서 양모제에는 헤어로션, 헤어토닉, 베이럼(bayrum), 헤어크림, 오드커니네(eaude guirnine) 등이 있다.

3. 두피관리의 종류

1) 플레인 스캘프 트리트먼트(plain scalp treatment)

두피가 정상적인 상태일 때 실시한다.

2) 드라이 스캘프 트리트먼트(dry scalp treatment)

두피에 피지가 부족하여 건조한 상태일 때 실시한다.

3) 오일리 스캘프 트리트먼트(oily scalp treatment)

두피에 피지가 과잉분비되어 기름기가 많을 때, 실시한다.

4) 댄드러프 스캘프 트리트먼트(dandruff scalp treatment)

댄드러프란 비듬이란 뜻이며, 비듬을 제거할 때 실시한다.

제6장 이용과 피부관리

Ⅰ. 피부의 기초과학

1. 피부의 구조

피부는 몸의 표면을 싸고 있는 가장 넓고 중요한 조직으로 우리의 신체를 보호하는 기관이다. 피부의 면적이나 두께는 개인과 부위에 따라 다소 차이가 있으나, 총면적은 성인의 경우 약 1.6㎡에 이르고 두께는 평균 1.4㎜ 정도이다.

피부 표면에서부터 수직으로 보면 위로부터 표피, 진피, 피하조직의 세층으로 나누어져 있으며, 부속기관으로 한선(에크린선 · 아포크린선), 피지선, 손톱, 발톱, 털로 구성되어져 있다.

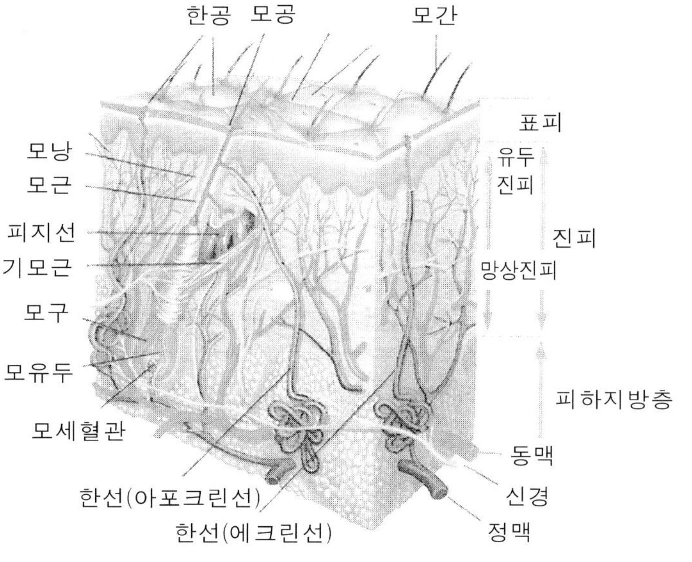

[그림 1-15] 피부의 단면

1) 표피(epidermis)

표피는 피부의 가장 바깥층으로 매우 얇으며 아래에서부터 기저층, 유극층, 과립층, 각질층으로 나뉘어진다.

최하층인 기저층에서 세포의 형태와 성질이 변화해가면서 위를 향해 이동하여 최상층에 이르러서 각질로 된다. 이 형성기간은 4주간으로 각질이 되어 표면에서 떨어지는데, 이와 같이 탈락과 복구가 표피세포의 특징이며 표피세포 사이로는 혈관이 들어갈 공간이 없으므로, 영양섭취는 아래층의 세포로부터 공급받게 된다.

특히 표피와 진피와의 경계는 물결모양으로 2개의 층을 형성하고 있다.

① 기저층(Stratum basal)

기저층은 표피의 최하부에 있고 진피와 접촉하고 있다.

또한 진피에 있는 모세혈관을 통해서 영양을 보충하며, 세포분열을 일으켜 표피세포를 신생, 증식한다.

피부의 색소인 멜라닌을 만드는 색소형성세포(멜라노사이트)는 기저층 사이에 존재하고 있다.

② 유극층(Stratum spinosum)

유극층의 세포는 가시가 돋힌 모양으로 세포사이의 다리역할을 한다. 피부의 영양과 혈액순환에 관여하므로 피부 건강에 중요한 역할을 하며 살아있는 세포이다.

③ 과립층(Stratum granulosum)

과립층은 과립세포로 구성되어 있으며, 방어막이 있어 외부로부터 이물질 통과 및 피부내부로부터의 수분 증발을 저지하여 피부염이나 피부건조를 방지하는 중요한 역할을 한다. 각화효소가 함유되어 있어 각화가 시작되며, 피부의 중요한 방어대의 역할을 한다.

④ 투명층(Stratum lucidum)

투명층은 생명력이 없는 투명한 세포층으로 손바닥이나 발바닥의 두꺼운 부위에만 존재하는 층이며, 과립층 위에 있으면서 피부를 보호하는 등 중요한 역할을 한다.

⑤ 각질층(Stratum corneum)

각질층은 피부의 제일 바깥층으로 기저층에서 생성된 세포가 각화작용에 의해 죽은 세포로 되나 세포막이 존재하므로 물리적 자극이나 장애, 유해물질에 대해서 저항력을 가지고 있어 내부의 침입을 방어하고 있다.

또한 케라틴이라는 단백질로 구성되어져 있어 피부를 유연하고 부드럽게 해주며, 산이나 알카리 등의 화장약품에 강하고 냉・열 등의 외부자극으로부터 피부를 보호하는 방어층이다.

2) 진피(dermis)

표피 아래에 있는 두꺼운 세포층으로 피부의 탄력, 윤기, 긴장도에 관여한다.

또한 모세혈관이 퍼져있어 영양분을 공급하고 감각과 분비 등 중요한 기능을 한다. 격자섬유, 탄력섬유, 교원섬유로 이루어져 있으며 한선, 피지선, 모세혈관, 림프관, 신경조직, 털 등이 존재한다. 진피는 상층에서부터 유두층, 유두하층, 망상층으로 나뉘어져 있다.

① 유두층(Papillary layer)

진피와 표피를 연결하며, 피부조직 내에서 가장 중요한 대사활동이 이루어지는 곳이다. 유두두체와 모세혈관이 분포되어 표피에 영양을 공급하며 피부의 신경 종말 기관이 존재하는 층이다.

② 유두하층

유두층의 밑바닥에 해당되는 곳이며, 망상층과 이어지는 부분이다.

③ 망상층(Reticular layer)

망상층과 결합섬유(교원섬유, 탄력섬유)로 이루어져 있고 주성분은 콜라겐(collgen), 엘라스틴(elastin) 등의 단백질이며, 피부에 긴장과 탄력을 유지시켜 준다.

3) 피하조직(Subcutaneous tissue)

피하조직은 진피의 아래에 있고, 진피에서 하강한 섬유에 의해서 형성된 망상조직으로 지방을 포함하고 있어 피하지방조직이라고 불린다. 체형의 굴곡을 주고 쿠션 역할을 하며, 외상으로부터 보호를 한다. 또한 열의 투과성을 방지하고 체온의 발산을 막거나 외부의 한냉으로부터 신체를 지키고 있다.

2. 피부의 부속기관

피부에는 표피, 진피, 피하조직 위에 피부가 변형된 부속기관이 있는데, 크게 각질 부속기관(손톱, 발톱, 털)과 땀샘 부속기관(한선, 피지선)으로 나뉜다.

1) 각질 부속기관

손톱은 표피의 각질층이 변형된 것으로 그 주성분은 케라틴이다.
손톱은 모발과 달라 성장주기는 없고, 항상 성장을 계속하고 있다.
손톱의 성장 속도는 하루 0.1~0.15㎜ 정도이다.

2) 땀샘 부속기관

① 피지선(sebaceous gland)

피지선은 피지라는 기름을 분비하는 샘으로 손바닥, 발바닥을 제외한 전신에 존재한다. 그러나 피지선 중에서 털과 관계없이 독립피지선이 존재하는 곳으로는 입술, 눈두덩, 유두, 대음순, 성기, 귀두 등에서 볼 수 있다.

② 한선(sweat gland)

한선은 에크린한선(소한선)과 아포크린선(대한선)으로 나뉘어져 있으며, 한선에서 분비된 땀은 체온을 조절하고 각질층의 표면을 습하게 하여 피부의 건조를 방지한다.

ⓐ 소한선(eccrine) - 일반적으로 특정부위를 제외한 전신의 피부에 분포되어 땀을 분비하며, 이 땀은 무색 무취로 90% 이상 수분이다. 이 작은 땀샘은 손바닥, 발바닥, 머리, 얼굴에 잘 발달되어 있다.

ⓑ 대한선(apocrine) - 이 땀샘은 피하조직 중에 있고, 특정부위인 액와, 유두, 유륜, 배꼽, 외음부, 항문 주위에 있으며, 대한선에서 분비되는 땀은 농도가 짙고 독특한 냄새가 난다.

3. 피부의 생리적 기능

1) 보호작용

표피 각질층에 존재하는 케라틴(Keratin)은 탄력성과 유연성이 있으며 외부로부터의 자극에 대해서도 강한 저항력을 갖고 있다.

또한 피지표면의 약산성 보호막을 형성, 세균 등의 발육을 방지하고 화학적 자극으로부터 피부 보호작용을 갖는다.

그리고 피부가 자외선을 받게 되면 표피층의 멜라닌 색소의 양이 증가하여 자외선이 피부 깊숙이 침투하지 못하게 한다.

2) 체온 조절 작용

인체는 외부의 온도가 높거나 낮아져도 체온을 일정하게 유지하기 위하여 각질층이나 모발, 모세혈관, 한선이 중요한 역할을 한다.

따라서 체온이 상승할 때는 모세혈관의 확장과 발한이 증가되어 체온의 상승을 막게 된다.

반대로 외기의 온도가 낮을 때는 혈관이 수축되어 혈류를 감소시켜 체온의 발산을 막는다.

3) 분비작용

피지선에서는 피지의 분비로 인하여 표면에 얇은 막을 만들어 피부와 털에 광택을 부여하고 수분이 증발하는 것을 막아주며 한선에서는 땀을 분비하여 체온조절 기능을 담당한다. 또한 체내에 들어온 이물질이나 체내의 신진대사에 따른 노폐물을 분비한다.

4) 흡수작용

피부에는 각질층과 과립층의 중간에 흡수 방어막이 있어 반흡수 역할을 하며 침입한 물질이 체액 특히 혈액 중에 섞여 영양소로 되는 것을 말한다.

5) 감각작용

외부로부터의 자극에 대응한 촉각, 냉각, 온각, 통각 등으로 지각을 느끼게 되며 감각에 대하여 반사현상을 일으킨다.

즉, 피부에 접촉되거나 아프거나 따뜻함, 차가움 등을 느끼게 하며 온냉자극에 대해서는 털세움근 수축이나 모세혈관의 확장으로 발한이 일어난다.

6) 호흡작용

피부의 호흡작용이란 혈액이 운반해 온 산소와 영양분이 조직 속에 들어와 발생한 탄산가스와 노폐물이 혈액 속에 방출되는 작용을 말한다.

Ⅱ. 피부관리

1. 피부관리의 목적

피부관리의 목적은 피부건강과 아름다움을 유지 촉진하는 것이다.

피부관리는 의료행위가 아니므로 일시적 관리보다는 일상생활에서 지속적으로 이루어져야 한다.

피부관리에 있어서 미안술의 효과에는 물리적 효과와 화학적 효과가 있다. 물리적 효과를 가하는 것으로는 마사지와 전류, 광선 등에 의해서 피부와 근육에 열과 자극을 주는 방법, 팩과 마스크에 의해서 피부를 공기로부터 차단하여 그 층 사이에 보습효과를 주거나 팩과 마스크에 포함된 유효성분의 효과를 주어 각질을 유연하게 하거나 피부에 영양을 공급하여 효과를 얻는 방법이다.

화학적 효과를 가하는 방법으로는 피부의 구조와 피부 표면의 성분에 기초를 두고 건강한 피부를 만들기 위해 적절한 화장품으로써 조정하여 건강하고 아름다운 피부를 유지하도록 한다.

이와 같이 피부관리는 물리적 효과와 화학적 효과가 더불어 작용함으로써 그 목적이 이루어진다.

2. 세안과 보습

세안(cleansting)은 피부를 건강한 상태로 유지하는데 가장 기본적인 단계이다. 클렌징에 크림타입, 로션타입, 오일타입, 워터타입, 파우더타입이 있는데 피부의 더러움이나 먼지, 화장 등을 닦아 내고 클렌징제를 사용해 모공 속에 남아있는 더러워진 피지나 노폐물까지 제거하는 이중 세안을 한다. 이때 세안으로 인해 피부의 보호막이 일시적으로 없어진 상태이므로 피부 표면에 액상의 물질을 통해 보습 효과를 준다.

3. 팩(pack)

1) 팩의 목적

팩의 목적은 피부의 더러움을 흡착 제거하고 신진대사를 높여주며 팩제의 유효 성분을 작용시켜 피부의 건강과 아름다움을 유지하는 것이다.

팩은 피부에 수분과 영양을 공급해주고 피부를 긴장시켜 혈액 순환을 원활하게 하는 한편 흡착력에 의해 피부 표면의 노폐물을 쉽게 제거한다.

팩제를 얼굴에 발랐을 때는 피부와 공기와의 접촉을 차단시켜 피부 온도를 높여 혈액의 순환이 왕성하게 되고 발한을 촉진시킨다. 따라서 피부표면에서 증발하는 수분이 팩제와 피부사이에 고여 표피각질층을 유연하게 함으로써 팩제와 함유된 유효성분을 침투하기 쉽게 하여 피부 표면을 윤택하게 한다.

2) 팩제의 효과에 따른 분류

① 영양팩

건성피부나 노화피부에 많이 사용되고 피부 신진대사를 원활하게 높여주고 노화를 방지하며 풍부한 영양을 공급한다. 계란노른자, 벌꿀, 우유, 오일팩 등이 있으며 이때 물질의 흡수를 돕기 위해 스팀타올, 랩, 적외선 등의 열선 효과를 이용하면 효과적이다.

② 미백팩

피부를 맑고 희게 하는 작용을 하며 주로 비타민 C가 다량 함유된 오이, 레몬, 딸기 팩 등이 있으며 천연재료에 섞는 밀가루에도 미백 효과가 있다.

③ 청정팩

피부표면의 노폐물 등을 팩 재료가 흡수하여 제거하는 방법으로 계란 흰자, 진흙, 사과, 효소 팩 등이 있다.

④ 소염, 진정팩

외부에 의한 물리적, 화학적 자극이나 가벼운 염증을 진정시키고 가라앉힌다. 햇빛에 노출된 후의 피부손질이나 트러블이 잦은 피부손질에 많이 사용되며 해초, 감자, 수박, 살구, 알로에, 맥반석 팩 등이 있다.

⑤ 수렴성 팩

피부를 수축시키고 과잉피지를 제거한다. 지성피부나 모공이 넓은 피부에 많이 사용되며 진흙, 명반 팩 등이 있다.

⑥ 석고팩

피부에 영양을 공급할 목적으로 주로 사용하며 피부 표면에 영양크림을 바른 뒤 크림의 흡수를 돕고자 석고를 발라 건조시키면 그 사이의 열이 발생하여 효과를 얻는 특수 팩이다.

Ⅲ. 마사지

1. 마사지의 의의와 목적

마사지(massage)는 기원전 4~5세기경부터 시작되었으며 그리스의 히포그라테스에 의해서 그 중요성이 강조되었다. 마사지는 그 어원이 그리스어 (masso. 문지르다, 주무르다)에서 파생된 말이며 체계적인 마사지는 약 1800년경에 영국에서 도입되었다. 스웨덴의 피터. H. 링(peter. H. Ring)이 1813년에 머니플레이션(manipulation) 마사지를 개발하였는데 머니플레이션이란 손가락만을 사용하여 마사지하는 것을 말한다. 마사지의 주요 목적은 트리트먼트(treatment)를 행한 부분이나 기관에 그 기능을 회복시키고 지속시키는 것이다.

2. 마사지의 기본 동작

1) 경찰법(Effleurage)

손바닥이나 손가락 끝의 부드러운 부분을 이용하여 피부를 가볍게 문지르는 동작이다. 경찰법은 지각신경을 자극하고 모세혈관을 확장시켜 혈액의 순환을 촉진시키는데 효과가 있다.(이마, 턱, 두피, 등, 팔)

2) 강찰법(Stroking)

손바닥이나 손가락 끝을 이용하여 피부를 누르면서 강한 자극을 주기 위해서 왕복운동 또는 원운동을 하며 문지르는 방법이다. 강찰법은 소혈관의 충혈을 높여 신진대사를 촉진시키는 동시에 노폐물을 제거시키는데 효과가 있다.(두피, 턱, 팔, 손)

3) 유연법(Kneading)

피부나 근육을 손안에 세게 쥐었다가 다시 가볍게 주무르는 방법이다. 유연법은 피부의 노폐물을 조직 밖으로 내보내거나 정맥과 림프관의 작용을 높여 피부의 건강을 양호하게 하는데 효과가 있다.

① 강한 유연법(Petrissage)

손가락과 손바닥 사이로 피부와 근육조직을 집어 들어 올리면서 지속적인 압박을 가하는 동작이다.(팔, 다리, 등, 어깨, 배)

② 압박 유연법(Friction)

피부에 작은 원을 그리거나 쓸어주는 동작이다.

ⓐ 롤링(rolling) - 양손바닥을 팔과 다리 등에 단단히 압착하면서 굴리는 동작이다.

ⓑ 린징(wringing) - 양손에 간격을 둔 상태에서 서로 반대 방향으로 짜는 듯한 느낌으로 누르는 동작이다.

ⓒ 처킹(chucking) - 한 손은 팔이나 다리를 고정시키고 다른 한 손으로는 관절 뼈를 따라 움직이는 동작이다.

4) 고타법(tapotement or percussion)

손의 바깥 측면, 손등, 손가락 끝을 사용하여 규칙적으로 두드리거나 때리거나 치는 동작을 말하며 가장 자극적인 마사지 형태이다. 그러나 특히 얼굴 마사지를 할 경우에는 손가락으로 가볍게 두드리는 방법만을 사용하는 것이 좋으며 신중해야 할 것이다.

고타법은 전신에 쾌감을 주고 혈액 순환과 신진 대사를 원활하게 해주며 근육 위축을 예방하는데 효과가 있다.

① 태핑(tapping)

손가락의 바닥면이나 손의 옆면으로 행한다.

② 슬래핑(slapping)

손목의 관절을 이용해서 손바닥으로 행한다.

③ 컵핑(cupping)

손바닥을 우묵하게 하여 행한다.

④ 해킹(hecking)

손목을 이용하여 손의 바깥 측면이나 손등으로 행한다.

⑤ 비팅(beating)

주먹을 살짝 쥐고 행한다.

5) 진동법(vibration)

피부나 그 하부조직에 진동이 전해지도록 하기 위하여 손 또는 전기 진동기를 사용한다. 진동법은 지각신경에 쾌감을 주고 혈행을 촉진시켜 경련이나 마비에 특히 효과가 있다.

6) 압박법

피부를 누르거나 밀어내는 동작으로 경찰법이나 유연법을 병행하여 이용된다. 압박법은 충혈과 신경 활동을 조절하는 효과가 있다.

제2편 이용 실기

제1장 조발술(Hair Cut)

Ⅰ. 조발의 개념과 목적

조발의 목적은 우선 청결함에 있다고 보아야 할 것이다. 그러나 오늘날에 있어서의 조발은 자신의 개성과 미를 추구하는 수단으로서 행하여지고 있다.

시대의 변화는 획일적인 조발술을 다양한 조발술로 발전케 하였으며 조발도구의 발전을 가져오게 되었다.

조발술의 발전은 유행을 창조하였을 뿐만 아니라 다양한 미의 욕구를 충족시킴으로서 이발외과에서 아티스트로의 변화를 가져오게 하였다. 그러나 시대의 변화 속에서도 청결함은 우선 되어야 하며 얼굴의 형에 알맞은 조발이야말로 가장 기초적인 조발일 것이다.

그러므로 완성된 조발을 하기 위해서는 다음 몇 가지를 특히 주의해야 할 것이다.

첫째, 조발은 조형이다. 조발은 모발이라는 소재를 가지고 두상과 얼굴의 형을 기초로 하여 가장 적합한 형을 창조하는 것으로서 아무리 유행과 개성을 중요시한다 해도 기초적인 형태에 맞지 않는 조형미는 조발의 목적을 충분히 표현하였다고 볼 수 없다.

둘째, 기본적 조형이 완성되었을 시에는 전체적인 헤어디자인을 하여야 한다. 그림에서 뎃상이 중요하듯이 조발에서 역시 시술자 자신이 정확한 뎃상을 구상하여 완성된 헤어디자인을 숙지하여야 할 것이다. 여기서 주의할 점은 헤어디자인을 구상할 시에 조발 대상자의 개성을 충분히 고려한 뒤 완성하여야 한다는 것이다. 아무리 시술자의 디자인이 훌륭하다 하더라도 대상자의 개성에 맞지 않는다면 헤어디자인 자체가 잘못된 것이다.

셋째, 헤어디자인이 완성되고 나면 그것을 충분하게 표현하기 위해 과학적이고 숙련된 조발술이 필요할 것이다. 아무리 훌륭한 디자인을 구상하였다 하더라도 그것을 충분히 정확히 표현하지 못한다면 그 조발은 완성된 조발이 될 수 없을 것이다.

그러므로 조발은 조형의 구상, 디자인의 완성, 숙련된 조발술이 완벽하게 합쳤을 때, 개성과 아름다움이 있는 훌륭한 조발이 될 것이다.

Ⅱ. 조발의 조형

조발의 조형이라 함은 헤어디자인을 하기 위해 가장 기초적인 것으로서 모발이라는 소재를 가지고 얼굴의 형, 두상의 형, 체격의 형에 따라 가장 이상적인 형인 계란형을 만들어 내는 것이다.

어떠한 모발의 질, 두상의 형, 얼굴의 형이든 모발의 길이와 양감을 조절하여 미의 기본인 계란형을 만들어야 한다는 것이다.

조발에 있어서 유행과 개성이 우선 되어야 하나, 기초적인 형에 맞지 않는 조형은 조발의 목적을 충분히 표현할 수 없다.

1. 얼굴의 형과 조형

1) 계란형

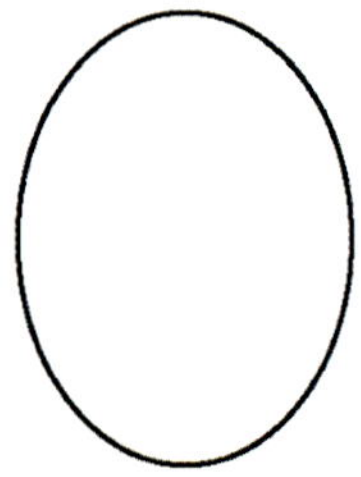

[그림 2-1] 계란형

가장 기본적인 형이며 어떤 헤어 스타일도 잘 어울리는 형이다. 가르마는 7 : 3이 가장 적합하다.

2) 원 형

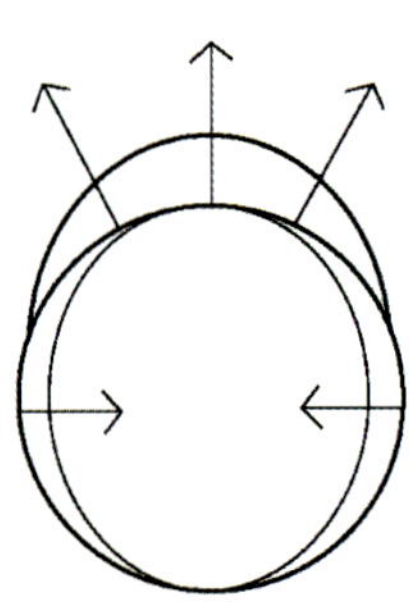

[그림 2-2] 원형 보정

TOP 부분에 볼륨을 주어 사이드 부분에서 EAR 부분까지 자연스럽게 곡선이 이루어지도록 하여야 한다.

가르마는 7 : 3이 가장 적합하다.

3) 삼각형

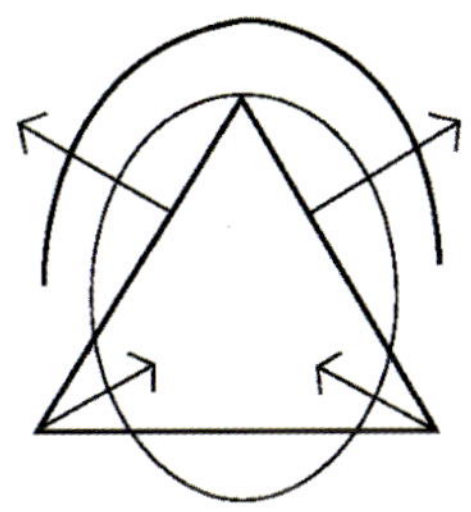

TOP 부분은 최대한 낮추고 윗머리 양쪽(U라인)과 EAR 부분에 볼륨을 준다.

가르마는 8 : 2가 가장 적합하다.

[그림 2-3] 삼각형 보정

4) 역삼각형

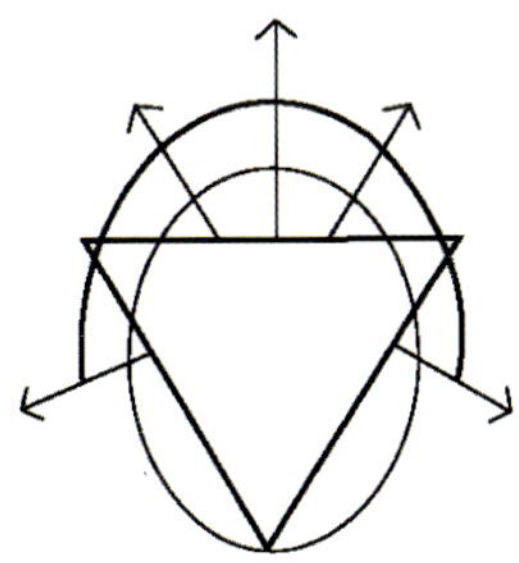

TOP 부분은 최대한 높이고 윗머리 양쪽(U라인)을 최대한 낮추어 곡선을 이루도록 하여 EAR 부분에 볼륨을 준다.

가르마는 6 : 4가 가장 적합하다.

[그림 2-4] 역삼각형 보정

5) 사각형

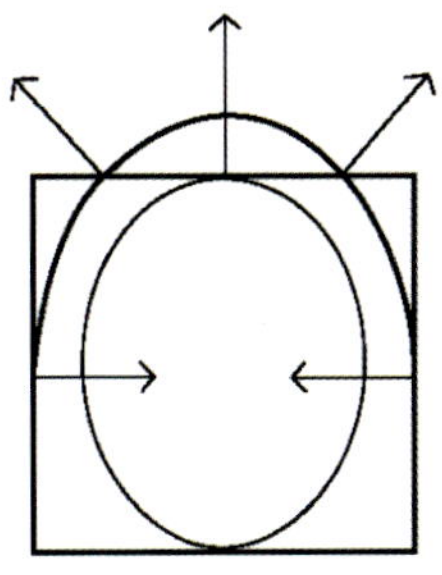

윗머리 전체에 볼륨을 주며 윗머리 양쪽(U라인)을 최대한 낮추어 곡선을 이루도록 하며 EAR 부분은 짧게 한다.

가르마는 6 : 4가 가장 적합하다.

[그림 2-5] 사각형 보정

6) 장방형

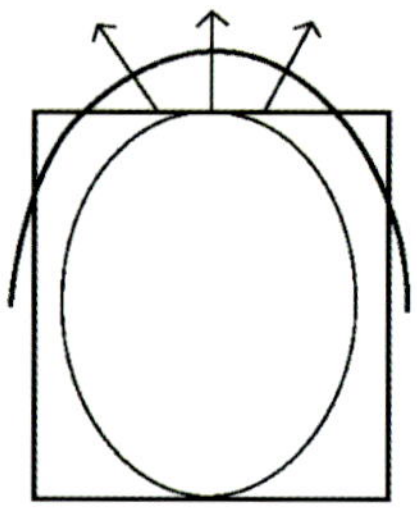

[그림 2-6] 장방형 보정

TOP 부분과 윗머리 양쪽(U라인)을 최대한 낮추며 사이드 부분에 약간의 볼륨을 주어 곡선을 이루도록 하여야 한다.

가르마는 8 : 2가 가장 적합하다.

7) 마름모형

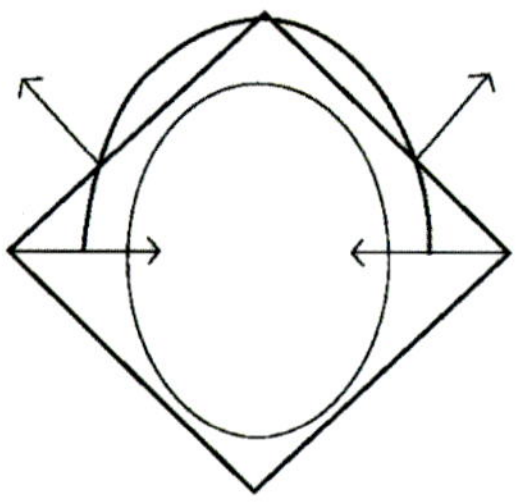

[그림 2-7] 마름모 보정

TOP 부분은 최대한 낮추며 윗머리 양쪽(U라인)에 볼륨을 준다. EAR 윗부분에 볼륨을 준다.

가르마는 8 : 2가 가장 적합하다.

2. 체격의 형과 조형

1) 키가 크고 비대 형

전체적으로 약간의 볼륨을 준다. 그러나 볼륨이 클 경우 짧은 Brosse형도 선택할 만하다.

2) 키가 크고 마른 형

TOP 부분은 낮추고 사이드 부분에 볼륨을 준다.

3) 키가 작고 비대한 형

TOP 부분은 볼륨을 주며 사이드 부분을 짧게 한다.

4) 키가 작고 마른 형

전체적으로 약간의 볼륨을 주며 사이드보다 TOP 부분에 좀 더 볼륨을 준다.

Ⅲ. 헤어디자인

1. 디자인의 구상

헤어디자인은 조발에 있어서 매우 중요한 것이다. 그림에서 뎃상이 매우 중요하듯이 조발 역시 디자이너 자신이 정확한 뎃상을 구상하여 완성된 헤어디자인을 숙지하여야 할 것이다.

디자인을 구상하기 위해서는 먼저 대상자의 얼굴, 체격, 두상의 형을 기초로 하여 시대적 환경과 유행을 참조하여야 한다.

특히 대상자의 직업과 개성은 헤어디자인에 있어서 가장 중요하다 할 것이다.

2. 디자인의 완성

헤어디자인을 완성시키기 위해서는 그것을 충분히 표현하기 위하여 과학적이고 숙련된 테크닉이 필요할 것이다. 모발의 질에 따라 도구의 선택이 이루어져야 하며, 시술방법이 정확하여야 할 것이다.

디자이너가 훌륭한 디자인을 구상하였다 하더라도 그것을 충분히 표현하지 못한다면 완성된 작품이라 할 수 없는 것은 물론이며, 대상자의 개성과 품위도 손상될 것이다.

Ⅳ. 조발의 형(Style)

조발의 형에 있어서 정확한 이론적 구분이 아직까지는 미비하다 할 것이다. 그러므로 여기에서의 형의 분류라는 것은 모발길이, 도구의 선택, 조발의 시술 방법에 따라 다음과 같이 분류하였다.

1. Long Hair Style

Long hair style은 일명 장발형이라고도 한다. 장발형은 모발이 귀를 덮기 시작하는 단계부터이다. 바리캉은 사용하지 않으며 손과 빗을 사용하여 일반 가위, 틴닝가위, 레이저 등으로 시술한다. 장발형은 윗머리 길이에 따라 레이어 스타일과 그라데이션 스타일로 나누어지며 아웃드라인의 길이에 따라 크게 5가지로 분류할 수 있다.

[그림 2-8] Long Hair 셋팅 전과 후

2. Medium Hair Style

Medium Hair style은 모발의 길이가 귀를 덮지 않으며 바리캉은 사용하지 않고 손과 빗을 사용하여 일반 가위, 틴닝가위, 레이저 등으로만 시술한다.
모발의 길이에 따라 크게 3가지로 분류할 수 있다.

[그림 2-9] Medium Hair 셋팅 전과 후

3. Short Hair Style

Short hair style에는 Brosse Cut(스포츠형), 상고, 상고스포츠 등이 있다.

1) Brosse Cut

일명 스포츠형이라고도 한다. 특수조발에 속하며 처음에는 바리캉은 사용치 않고 가위로만 시술하였다. 1960년도에 하와이 미해군부대에서 유행이 시작하여 지금에 이르고 있다. 모든 컷팅 도구로 시술하며 둥근형, 각이 있고 둥근형, 각진형 등 크게 3가지로 분류할 수 있다.

[그림 2-10] Brosse Cut 셋팅 전과 후

2) 상고형

일명 상고머리라고도 한다. 외국에서는 이용외과와 분리되는 시점부터 시술되었다고 볼 수 있으며 한국에서는 단발령이 선포되면서 시작되었다고 볼 수 있다. 사이드 햄라인과 네이프 라인에 바리캉을 사용하여 시술하며 빗과 가위로 완성시킨다.

[그림 2-11] 상고형 셋팅 전과 후

3) 상고 스포츠

스포츠형과 상고형을 복합적으로 시술하는 것이다. 사이드 부분과 백 부분은 스포츠형으로 시술하며 윗머리는 상고형으로서 스포츠형보다는 조금 길게 시술한다.

모든 컷팅도구를 사용하여 완성시킨다.

[그림 2-12] 상고스포츠 셋팅 전과 후

Ⅴ. 조발도구의 선택과 사용방법

1. 바리캉(Barigan)

근래에 와서 바리캉은 전동식과 전자식을 주로 사용하며 밑날의 두께도 다양하다. 밑날은 헤어디자인에 따라 선택하여야 하며 보통 1~3㎜를 많이 사용하고 있다. 일반적으로 네이프 라인과 사이드 햄 라인 부분 시술에 주로 사용하고 있으며 바리캉을 쥔 손에 힘이 가해지지 않게 하여 밑날이 피부에 접촉될 때에는 부드럽게 해야 한다.

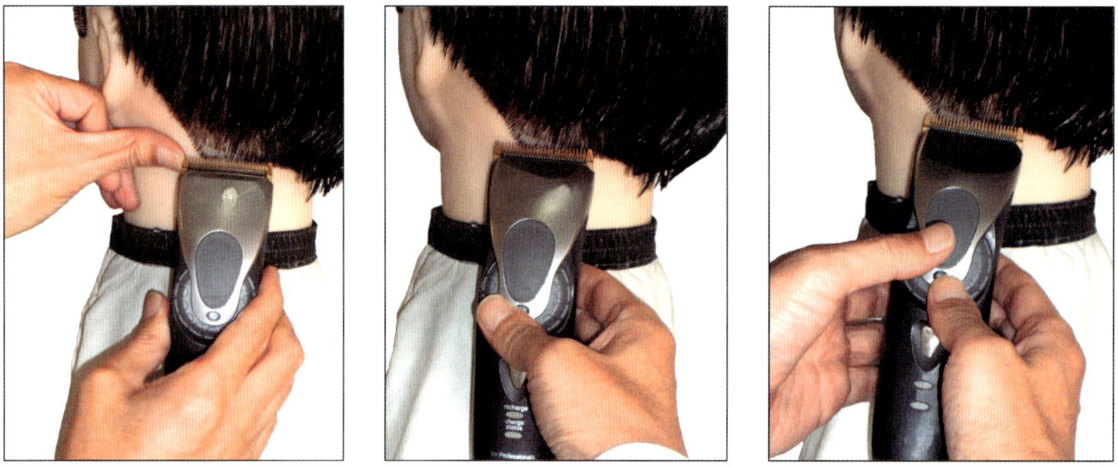

[그림 2-13] 바리캉 사용방법

2. 가위(Scissors)

가위는 크게 두 가지로 나누는데 윗머리를 시술할 때는 전강가위가 많이 사용되고 사이드와 넥라인 시술에 있어서는 착강가위가 많이 사용된다. 가위를 쥐는 방법에는 두 가지가 있는데, 첫째 윗머리 시술 때 쥐는 방법과 둘째 싱글링 또는 Scoop Cut를 시술할 때 쥐는 방법으로 나뉘어 진다.

1) 웟머리 시술에서의 가위 쥐는 방법

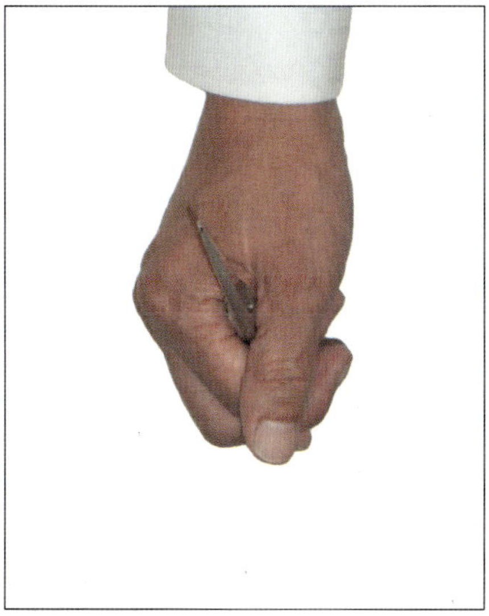

① 가위의 고정날 링을 약지2관절에 끼우고 전체 손가락을 살며시 구부려 주먹쥔 상태로 가위를 쥔다.

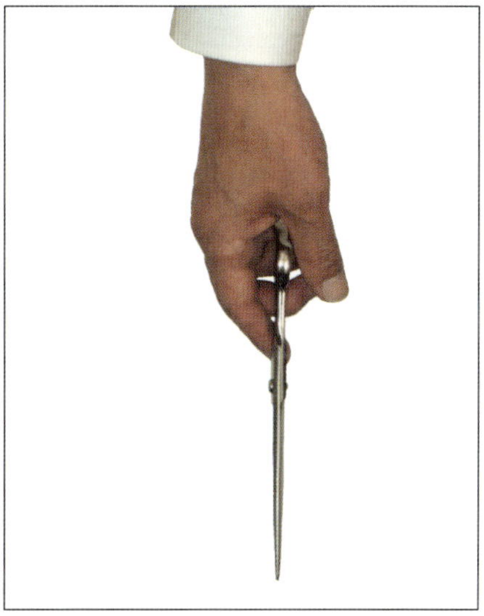

② 주먹쥔 상태에서 약지와 새끼손가락은 움직이지 않고 살며시 가위를 놓는다.

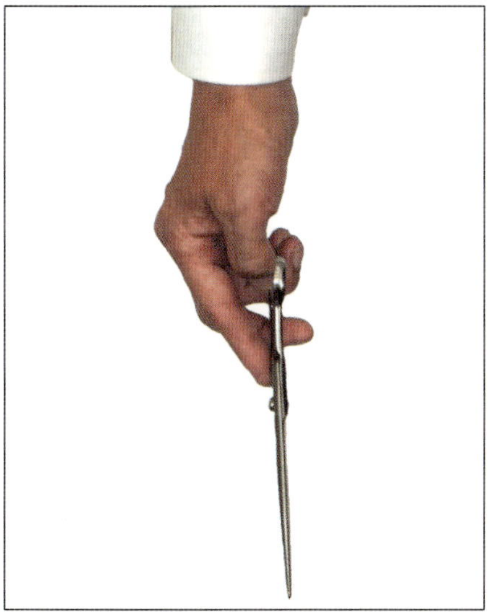

③ 엄지를 살며시 이동날 링에 넣는다. 이때 엄지가 펴지면 안되며 옆부분에 걸친다.

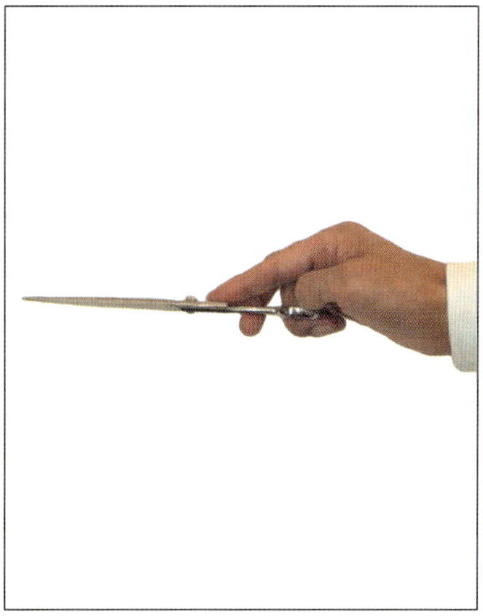

④ 가위를 수평으로 든 상태에서 엄지를 펴지 않고 컷팅한다. 이때 약지와 새끼손가락이 펴지면 안된다.

[그림 2-14] 가위 쥐는 방법의 구분 동작

2) Singling, Scoop Cut를 위한 가위 쥐는 방법

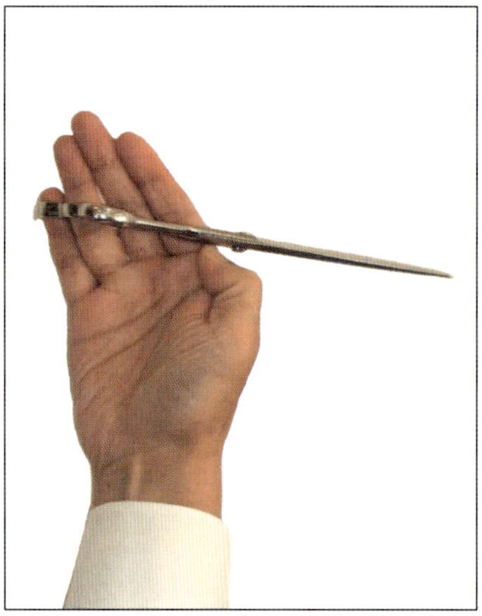

① 손바닥을 가지런히 펴서 가위의 고정날 링을 약지 둘째마디에 넣고 검지 둘째관절위에 놓는다.

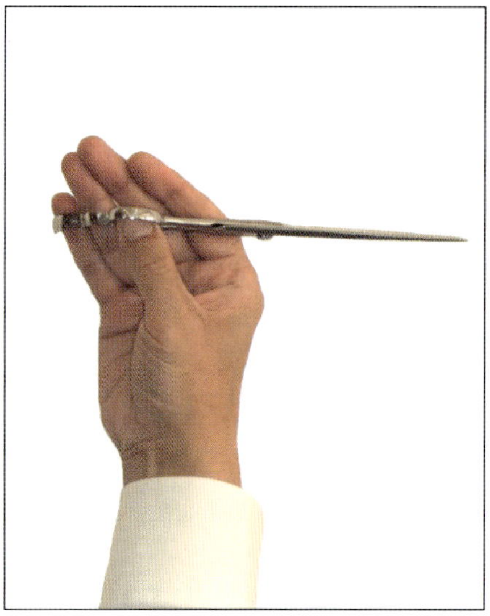

② 엄지를 이동날 링에 살며시 넣는다. 이때 엄지 구부려서는 안되고 손가락 끝만 넣는다.

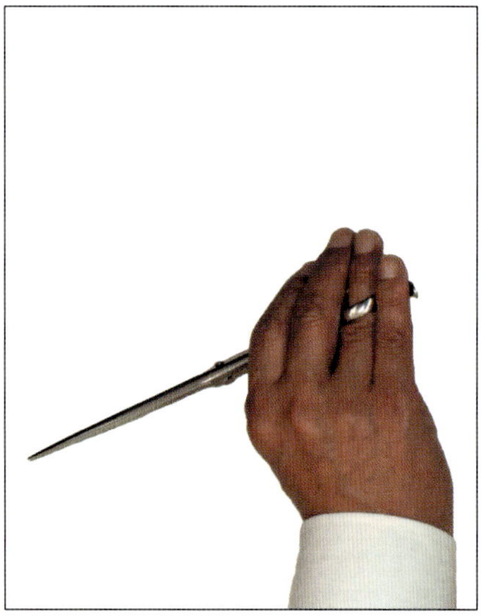

③ ②의 동작에서 손등이 위로 향하게 살며시 돌린다.

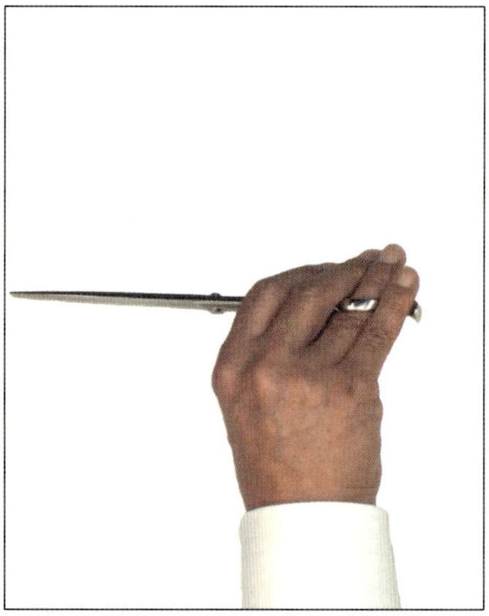

④ ③의 동작에서 대각선으로 된 가위방향을 평형으로 유지하기 위해 손목을 돌려 엄지만 동작하여 컷팅한다. 이때 엄지가 구부려지면 안되고 필히 엄지를 편 상태에서 컷팅한다.

[그림 2-15] 가위 쥐는 방법의 구분 동작

3. 틴닝시저(Thinning Scissors)

틴닝시저는 10, 15, 20, 25, 27, 30, 35, 40, 45, 48, 78 호로 대체로 나누어져 있으나 보통 30, 35, 40 호를 일반적으로 사용한다.

그것은 30, 35, 40호가 틴닝을 하는데 기준이 되기 때문이다. 40호 이상은 틴닝시저이면서 컷트용으로도 사용할 수 있으며, 30호 미만은 특수한 용도로 사용되기 때문이다.

틴닝은 모발의 질과 양에 따라 선택과 사용방법이 다르므로 다른 도구들보다 특히 신중하게 선택하여야 한다. 여기서 호수는 백분율(%)을 나타낸다.

1) 모발의 양이 많고 강한 모발

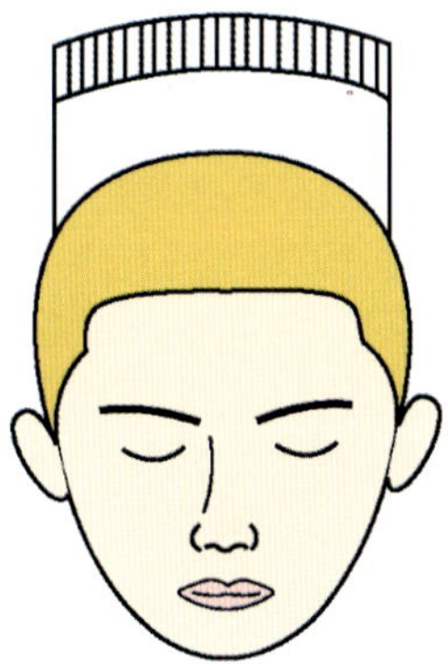

[그림 2-16] 틴닝의 2/3 범위

모발의 양이 많고 강할 때는 빗으로 모발을 떠서 시술을 할 수 있으나 정확하게 하기 위해서는 손으로 패널을 잡고 30, 35(%)를 사용하여야 하며 두피에서 2/3 이상 시술하여야 한다. 사이드와 백 부분은 틴닝을 하지 않는 것이 좋다.

2) 모발의 양이 적고 강한 모발

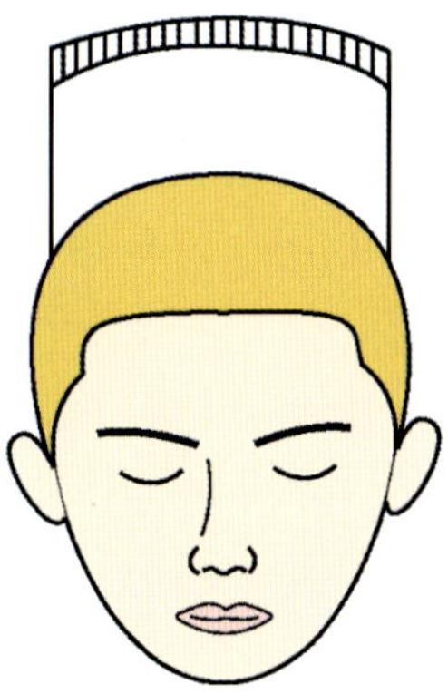

[그림 2-17] 틴닝의 4/5 범위

모발의 양이 적고 강할 때는 손으로 패널을 떠서 35(%) 미만을 사용하여야 하며, 두피에서 4/5 이상 시술하여야 한다. 사이드와 백 부분은 틴닝을 하지 않는 것이 좋다.

3) 모발의 양이 많고 연한 모발

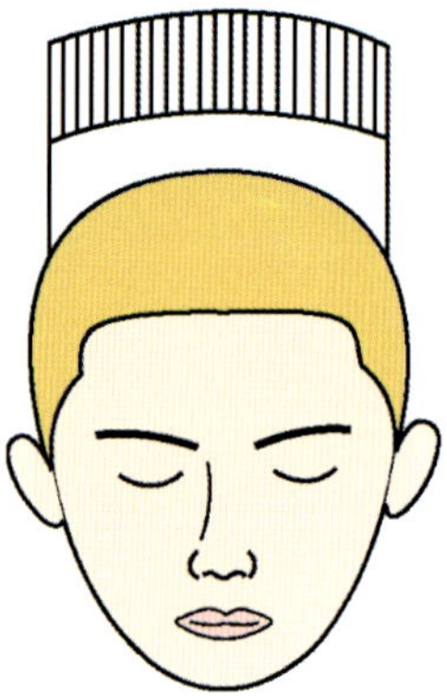

[그림 2-18] 틴닝의 1/2 범위

모발의 양이 많고 부드러울 때는 손으로 패널을 잡거나 빗으로 떠서 30, 35, 40(%)을 사용하여 두피에서 1/2 이상 시술한다. 사이드와 백 부분은 Long이나 Medium일 경우 2/3 이상 시술한다.

4) 모발의 양이 적고 연한 모발

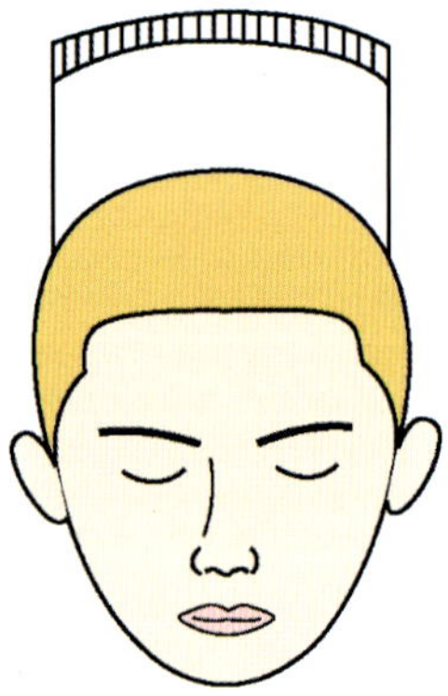

[그림 2-19] 틴닝의 4/5 범위

모발의 양이 적고 부드러울 때는 틴닝을 하지 않는 것이 좋으나 디자인에 따라 틴닝을 할 경우, 30(%) 미만을 사용하여야 하며 두피에서 4/5 이상 시술한다. 사이드와 백 부분은 틴닝을 하지 않는 것이 좋다.

5) 웨이브 모발이면서 양이 많고 강한 모발

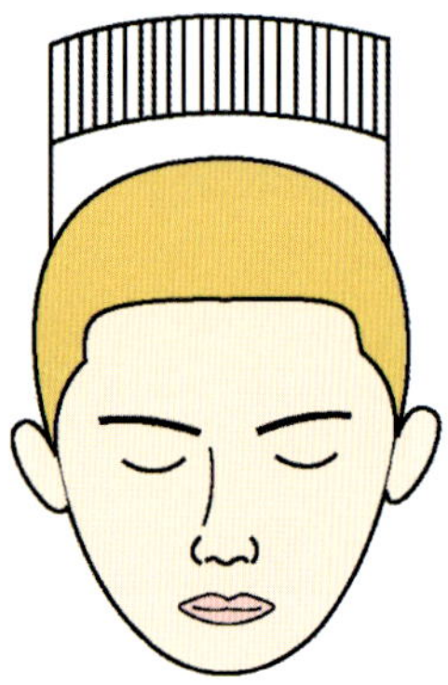

[그림 2-20] 틴닝의 1/2 범위

곱슬머리이면서 양이 많고 강할 때는 빗으로 떠서 시술하며, 30, 35(%)을 사용하여 두피에서 1/2 이상부터 시술한다.

사이드와 백 부분은 Long이나 Medium일 경우 2/3 이상 시술한다.

6) 웨이브 모발이면서 양이 적고 강한 모발

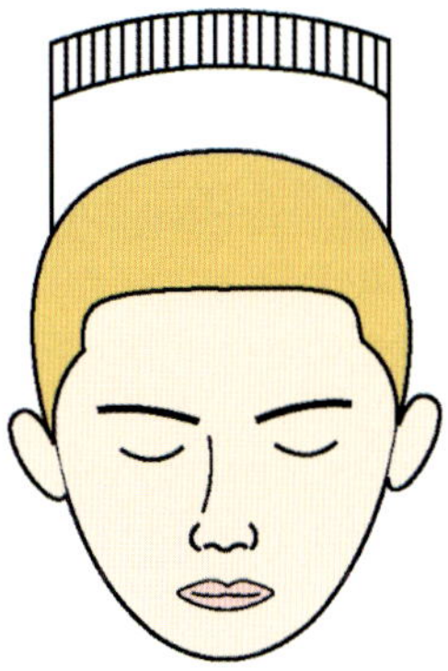

[그림 2-21] 틴닝의 2/3 범위

곱슬머리이면서 양이 적고 강할 때는 빗으로 떠서 시술하며, 30, 35(%)을 사용하여 두피에서 2/3 이상부터 시술한다.

사이드와 백 부분은 Long이나 Medium일 경우 4/5 이상 시술한다.

7) 웨이브 모발이면서 양이 많고 연한 모발

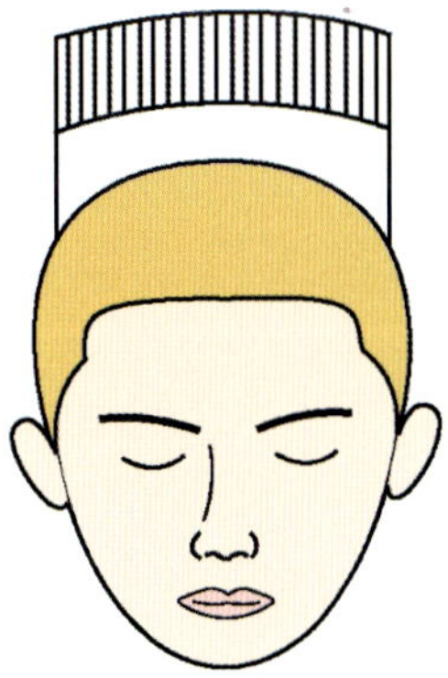

[그림 2-22] 틴닝의 1/2 범위

곱슬머리이면서 양이 많고 약할 때는 빗으로 떠서 시술하며, 35, 40(%)을 사용하여 두피에서 1/2 이상부터 시술한다.

사이드와 백 부분은 Long이나 Medium일 경우 1/2 이상 시술한다.

8) 웨이브 모발이면서 양이 적고 연한 모발

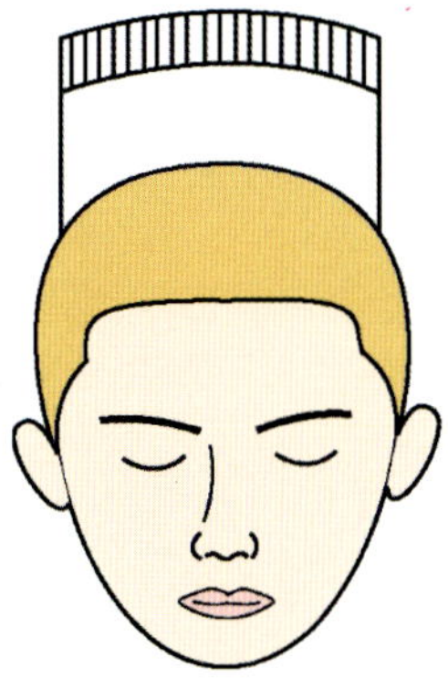

[그림 2-23] 틴닝의 2/3범위

곱슬머리이면서 양이 적고 약할 때는 빗으로 떠서 시술하며, 30, 34(%)을 사용하여 두피에서 2/3 이상부터 시술한다.

사이드와 백 부분은 Long이나 Medium일 경우 2/3 이상 시술한다.

4. 레이저(Razor)

레이저라면 우리는 보통 면체술을 생각하게 된다. 그리고 미용도구라 생각한다. 그러나 그렇지 않다. 레이저 사용은 틴닝이 나오기 전에 이용기술로서 시술되어 왔으며 레이저는 컷팅이 끝나고 난 후 모발의 끝을 자연스럽게 만드는 것이다.

1) 오디너리 레이저(Ordinry Razor)

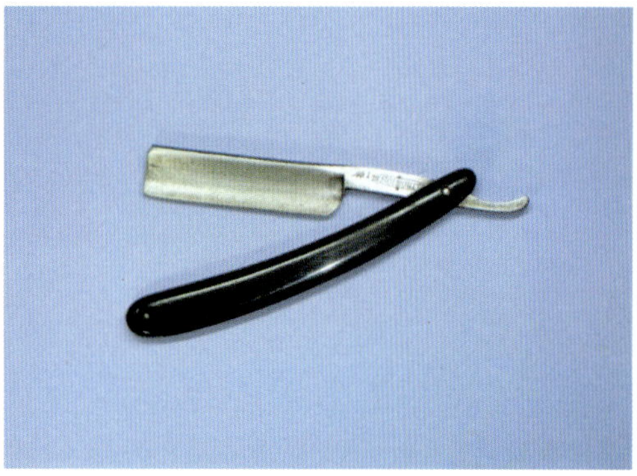

[그림 2-24] 오디너리 레이저

일상용 레이저로서 시간적 능률적이고 세밀한 시술이 용이하나 지나치게 자를 우려가 있기 때문에 초보자에게는 용이하지 않다.

2) 쉐이핑 레이저(Shaping Razor)

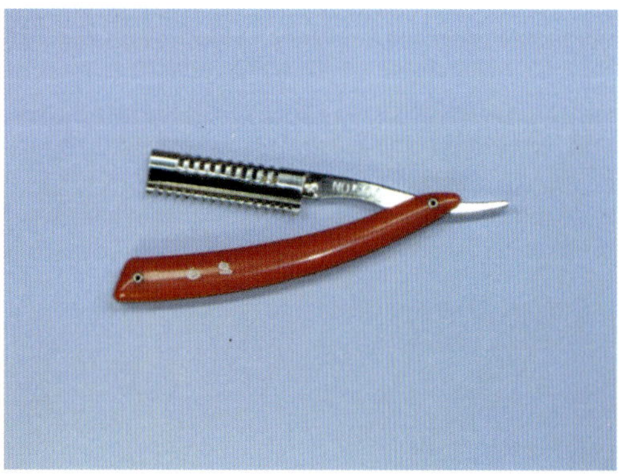

[그림 2-25] 쉐이핑 레이저

한쪽 날과 양쪽 날로 되어 있으며 덧날이 씌여져 있어 초보자가 쓰기에 용이하다.

5. 빗(Comb)

컷팅에 있어서 빗의 중요성은 매우 크다. 모든 디자인의 완성은 빗의 각도에 의해서 이루어진다. 여성 컷팅에 있어서 패널을 잡은 손의 각도에 따라 헤어라인이 달라지듯이 남성 컷팅에 있어서는 빗의 각도에 따라 헤어라인이 달라진다. 그러므로 디자인의 완성은 빗이 다한다고 하여야 할 것이다. 빗의 각도는 각 디자인 별로 다르다. 디자인

별로 빗의 각도는 각 과제별로 설명하기로 하고 여기서는 기초적인 빗잡는 방법을 설명하기로 한다.

1) 빗의 회전 방법

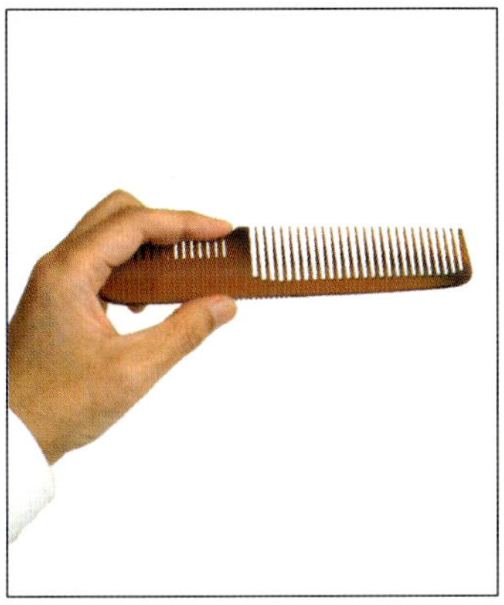

[그림 2-26] 빗을 쥐는 방법

빗의 손잡이 안쪽을 검지와 중지 사이에 놓고 엄지와 검지로 살며시 잡는다. 여기서 엄지와 빗과의 사이에 삼각형이 되도록 잡는다.

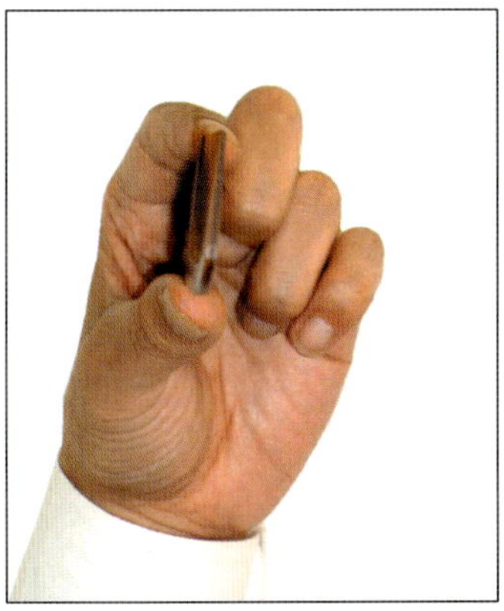

[그림 2-27] 빗의 기본 각도

빗을 회전시킬 때, 빗의 손잡이 끝이 회전축이 되며 엄지와 검지로 빗의 각도를 잡는다.

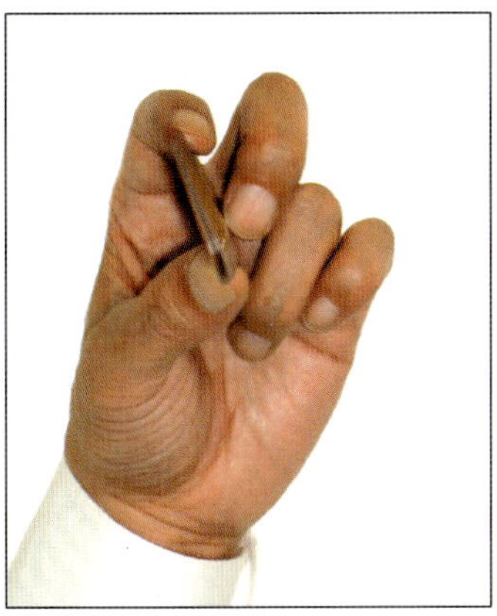

[그림 2-28] 빗의 최저각도

빗의 최저각도는 약 -10°~-20° 내외가 된다. 엄지로 빗 등을 살며시 밀면 빗의 손잡이가 중지 끝 바깥쪽에 걸린다. 그리하여 더이상 빗이 회전되지 않는다. 이것을 빗의 최저각도라 한다.

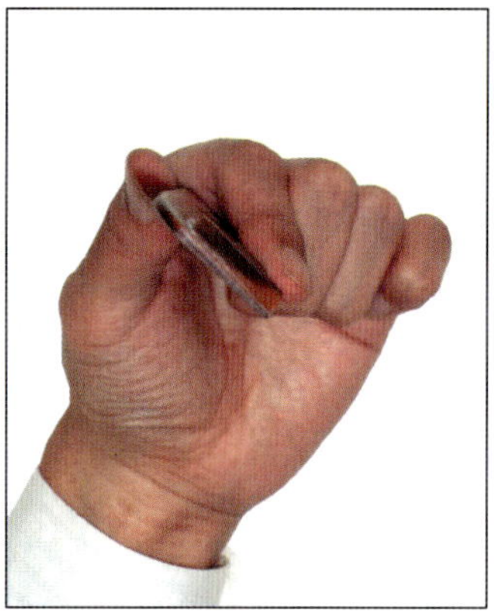

[그림 2-29] 빗의 최고각도

빗의 최고각도는 약 120° 내외가 된다. 엄지로 빗 등을 안쪽으로 당기어 다시 밀면 빗의 손잡이가 중지 안쪽에 걸려 더이상 회전을 하지 않는다. U라인에서 90°의 각을 이루는데 이것을 빗의 최고 각도라 한다.

2) 빗 회전의 연속동작

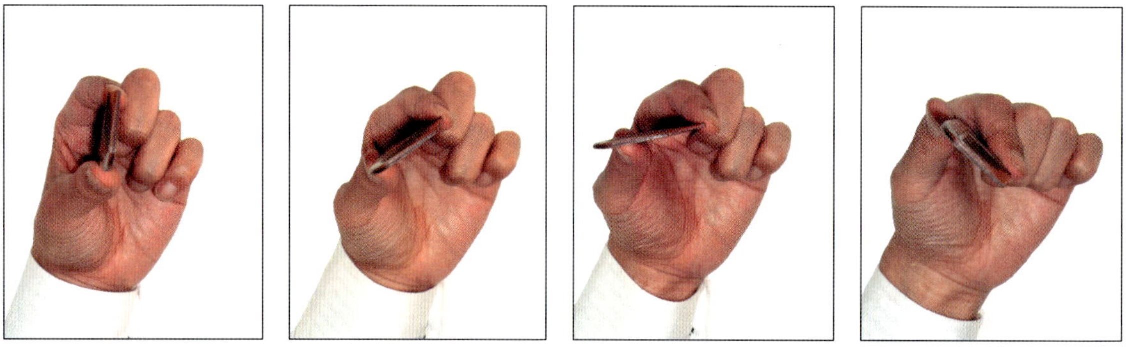

[그림 2-30] 빗의 연속동작

6. 가위와 빗의 컷팅각도와 범위

1) 빗의 컷팅 범위

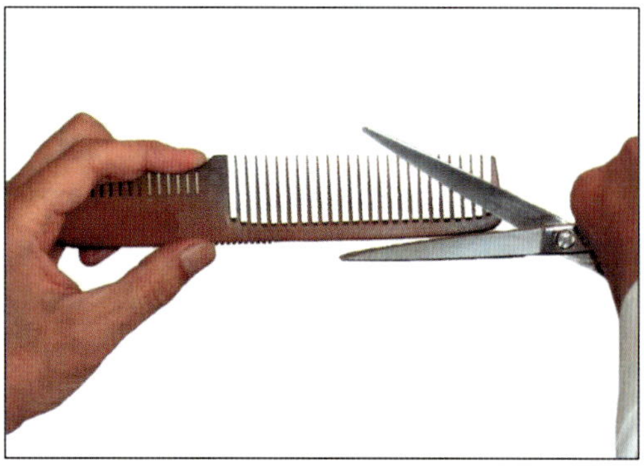

[그림 2-31] 빗의 컷팅 범위

Singling이나 Scoop Cut에 있어서 컷팅 범위는 빗 앞쪽 끝에서 약 1㎝를 빼고 약 5cm 내외가 컷팅 범위이다. 앞쪽 1㎝ 정도의 범위는 컷팅에 있어서 가이드 역할을 한다.

2) 가위와 빗의 컷팅 각도

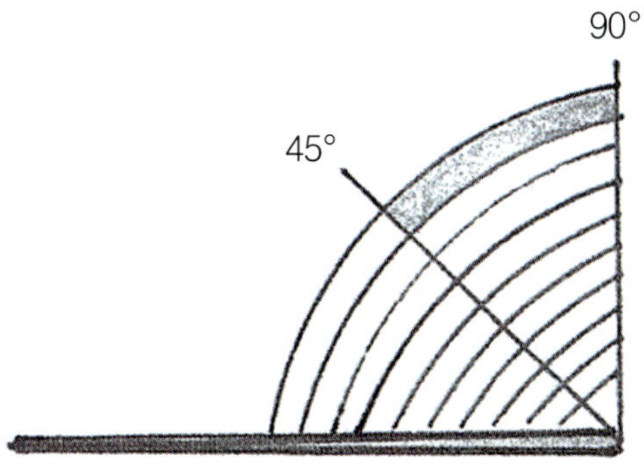

[그림 2-32] 가위와 빗의 컷팅 각도

일반적으로 가위와 빗의 각도를 무시하고 컷팅하는 경우가 있다. 그러나 이 각은 매우 중요하다. 그림에서 보는 것과 같이 만약 90° 컷팅이 됐을 때와 45° 컷팅을 하였을 때와의 차이는 매우 크다. 전체적인 디자인에 있어 질감의 차이가 매우 크기 때문에 주의해야 한다.

3) 가위와 빗의 컷팅 범위

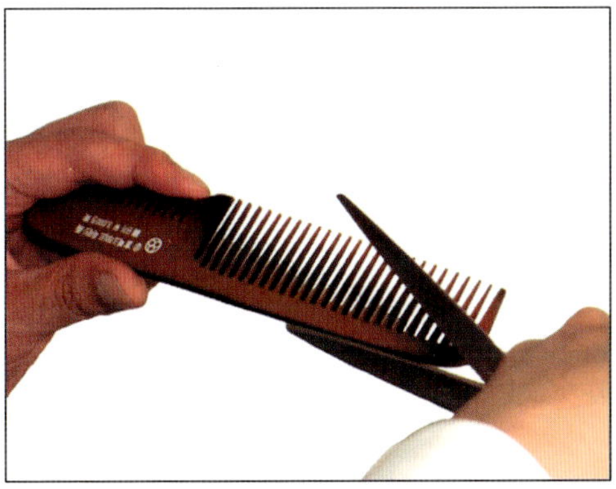

[그림 2-33] 가위와 빗의 컷팅 범위

Singling이나 Scoop Cut에 있어서 빗과 가위가 진행할 때 가위는 빗 몸에서 컷팅해야 한다. 빗 몸이 컷팅의 기준선이 된다. 컷팅의 목적에 따라서 빗살 끝에서부터 컷팅이 시작되는 경우도 있으나 그것은 특수 목적에 사용되고 일반적으로 빗 몸에서 컷팅이 이루어진다. 여기서 가위는 고정나사가 빗을 침범하지 않는 범위 내에서 컷팅한다.

Ⅵ. 커트방법의 종류

1. 블런트 커트(Blunt cut)

모발의 끝을 뭉툭하게 직선으로 커팅하는 방법으로 길이는 제거되지만 부피는 그대로 유지된다. 가늘고 부드러운 모발을 시술할 때, 많이 사용하는 방법이다.

2. 테이퍼링(Tapering)

훼더링(Feathering)이라고도 하며, 모발의 끝을 붓 끝처럼 점점 가늘게 하기 위한 방법이다. 테이퍼링은 숱이 많은 모발을 새털같이 가볍게 하기 위하여 가위 또는 레이저로 각도를 이루어 시술하는 방법이다.

3. 틴닝(Thinning)

모발의 양을 전체적으로 감소시키는 방법으로 전용 틴닝가위를 사용하는 것이 일반적이나 커트가위를 사용하는 경우도 있다(슬리더링 Slithering).

4. 트리밍(Trimming)

블런트 커트된 상태에서 모발선을 가위나 레이저를 사용하여 모발의 끝 부분을 가볍게 커트하는 방법이다.

5. 클리핑(Clipping)

가위를 사용하여 튀어나온 모발이나 손상된 모발을 커트하는 것이다.

6. 싱글링(Singling)

네이프의 모발을 아주 짧게 커트하며 빗 위로 가위를 밀착시켜 각도에 따라 탑으로 올라갈수록 점점 길어지게 커트하는 방법이다.

7. 수퍼커트(Super cut)

48개의 날을 가진 틴닝시저만을 사용하여 단시간 내에 부드러운 머리를 만들어 주는 시술방법이다.

8. E.C Cut

전기 바리캉만을 사용하여 커트하는 방법을 말한다.

Ⅶ. 기본기술과 자세

1. 기본자세

모델과 시술자의 눈과의 거리는 약 30cm의 간격을 두는 것이 적당하다. 시술자의 양 발의 간격을 어깨넓이 정도가 적당하며, 의자와의 거리는 주먹 한 개 정도인 약 10cm가 가장 적당하다.

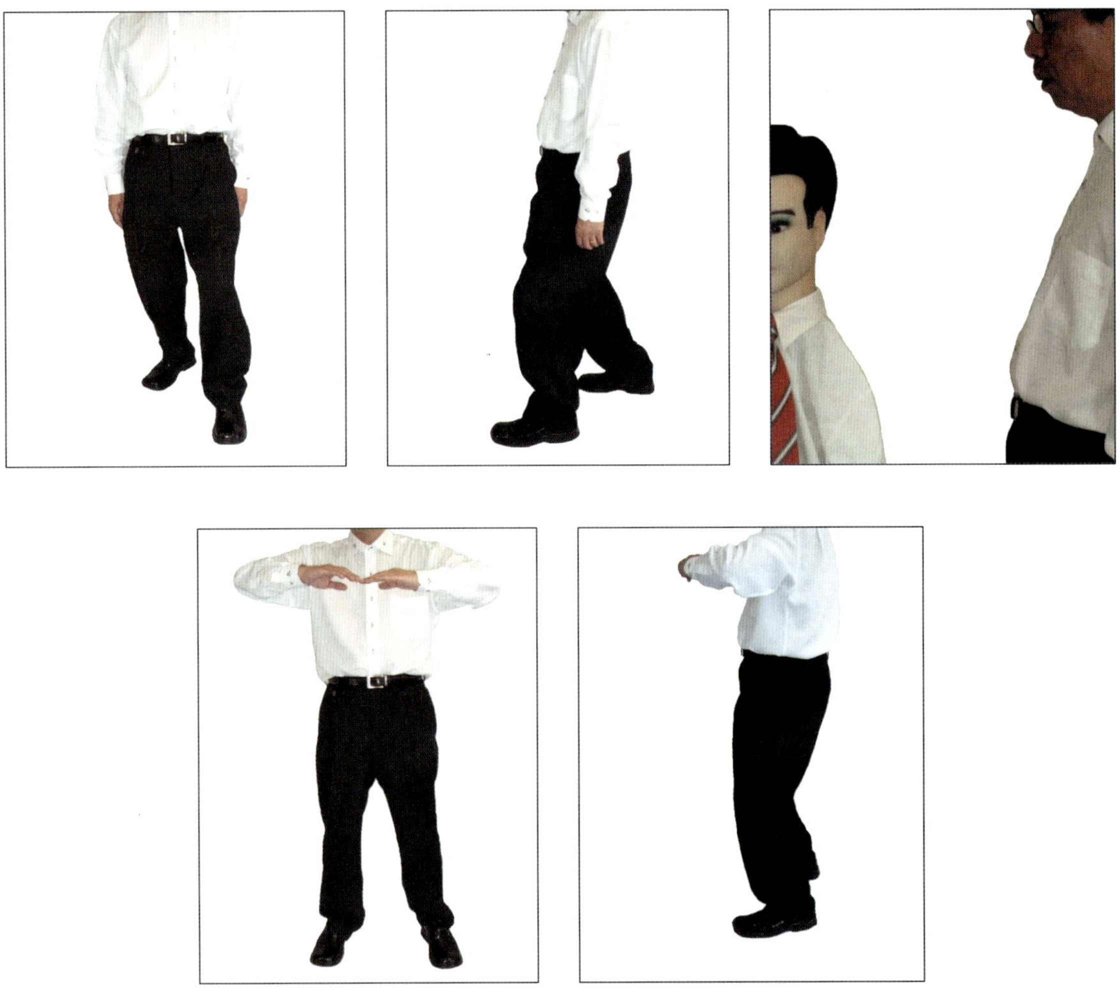

[그림 2-34] 커팅의 기본자세

2. 윗머리 시술범위와 방법

1) 윗머리 (지관고르기) 시술범위

윗머리의 범위는 좌우 F・S・P에서 G・P까지 보면 U자의 형이 나온다.

이 선을 U라인이라 한다.

U라인에서 보면 좌측 F・S・P에서 우측 F・S・P까지 3등분하며, 한 부럭을 프론트라인에서 G・P까지 5~6번의 연결 섹션을 떠서 컷팅한다.

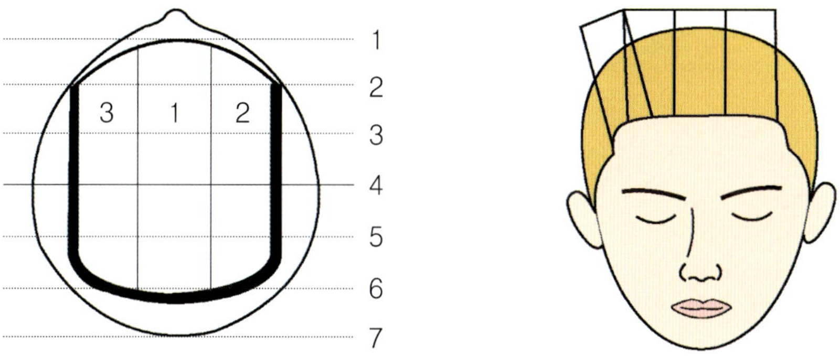

[그림 2-35] 윗머리 시술범위

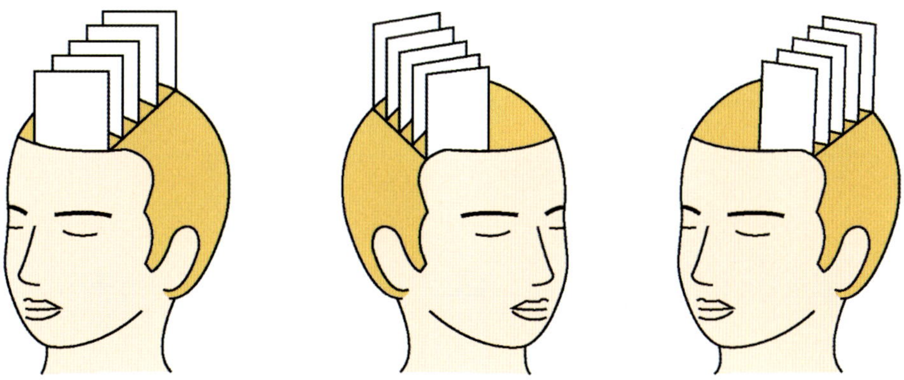

[그림 2-36] 윗머리 패널의 전개

마지막 윗머리 Cut end는 U라인이 중심 선이 되어 우측 F・S・P에서 시작되어 좌측의 F・S・P까지 두피에서 90°가 되도록 패널을 잡고 컷팅을 한다. 여기서 주의할 점은 수직 컷팅이 되지 않도록 한다.

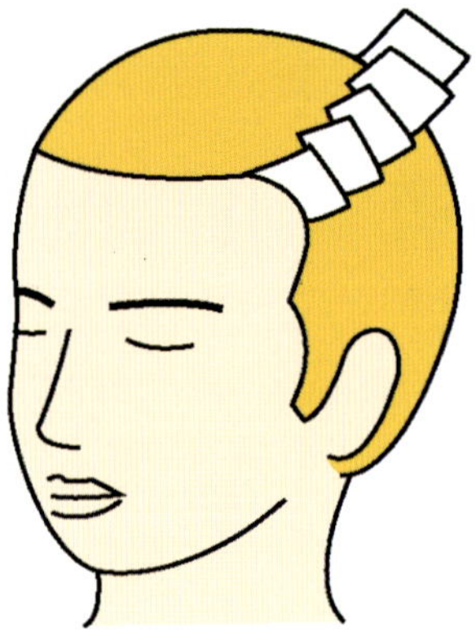

[그림 2-37] U라인 컷팅방법

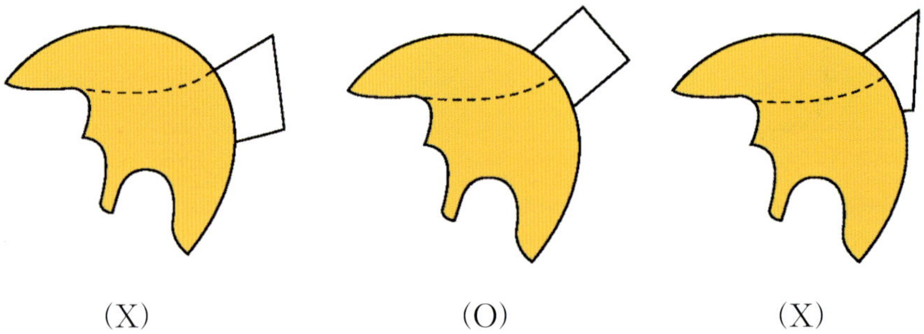

[그림 2-38] U라인 패널의 범위

2) 윗머리(지관고르기) 커트의 시술방법

① 빗으로 검지와 중지가 들어갈 정도로 모발을 뜬다.

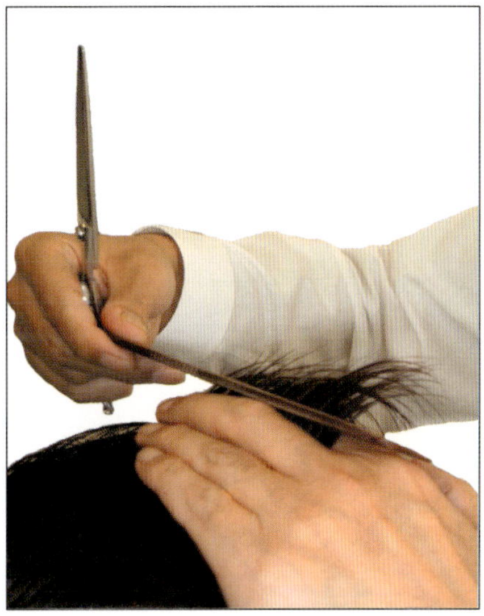

② 두피를 쓰다듬듯이 해서 검지와 중지로 포개어 모발을 잡는다.

③ 새끼손가락을 당겨 패널이 약 90°가 되도록 세운다.

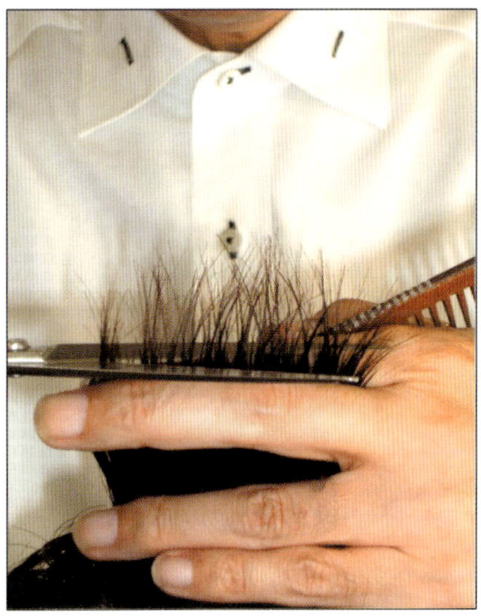

④ 전체적으로 모발의 길이를 같게 하기 위하여 손으로 길이로 조정한다. 그리고 검지의 선을 기준으로 하여 컷팅한다.

[그림 2-39] 윗머리 패널 잡는 방법

3. Scoop Cut

scoop cut란 모발을 떠올려서 컷팅하는 것을 말하며 조발에 있어서 가장 많이 쓰이는 기법으로서 빗으로 모발을 떠서 커트한다. Singling과 혼동할 수 있으나 Singling은 가위의 연속동작에 의해서 모발이 컷팅되나, scoop cut는 빗으로 모발의 패널을 떠서 점진적으로 U라인에서 빗의 각도가 두피와 90°가 되도록 컷팅하는 것을 말한다.

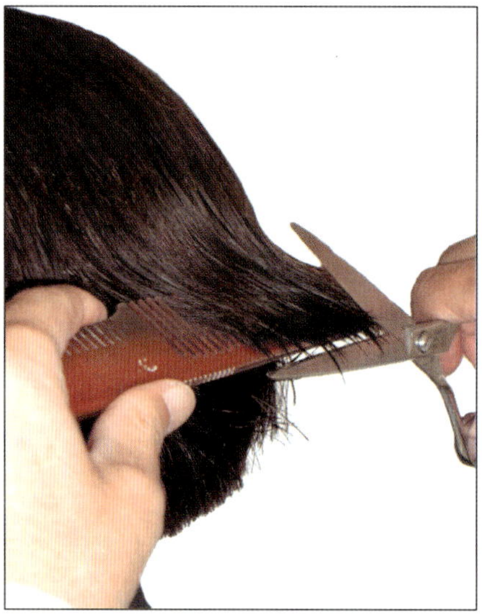

① 빗으로 패널을 받치고 컷팅한다.

② 다시 컷팅하기 위해서 가위로 패널을 받치고 빗을 내린다.

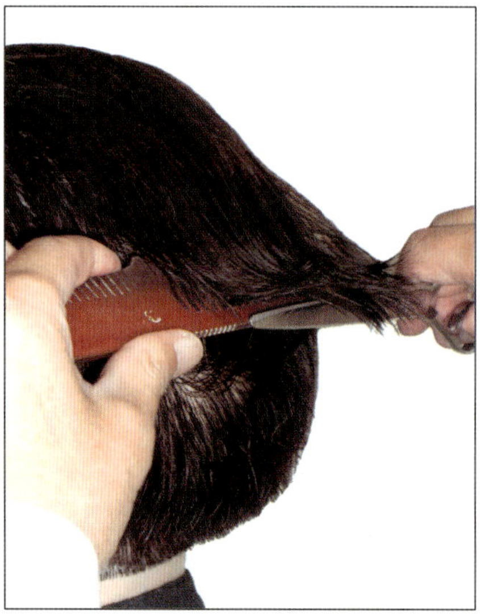

③ 다시 빗으로 패널을 받친다.

④ 빗으로 각도를 잡아 진행한 다음 다시 컷팅한다.

[그림 2-40] scoop cut 구분동작

4. 바리캉 사용과 1호 빗 사용방법

이용사 자격시험에서 가장 중요한 시술방법으로 네이프 라인은 2~3cm 사이드의 햄라인 부분은 0.5cm, 구렛나루 부분에는 약 1cm 정도 바리캉을 사용한 다음 1호 빗을 사용하며 컷팅하는 것으로서 최하단은 흰색으로 하여 상고 헤어라인인 검정 부분까지 자연스럽게 그라데이션을 일으키는 것을 말한다.

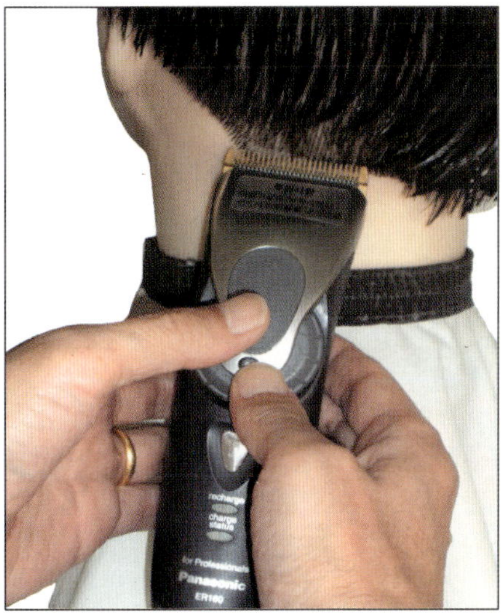

① 싱글링을 하기 위해서 바리캉을 사용한다.

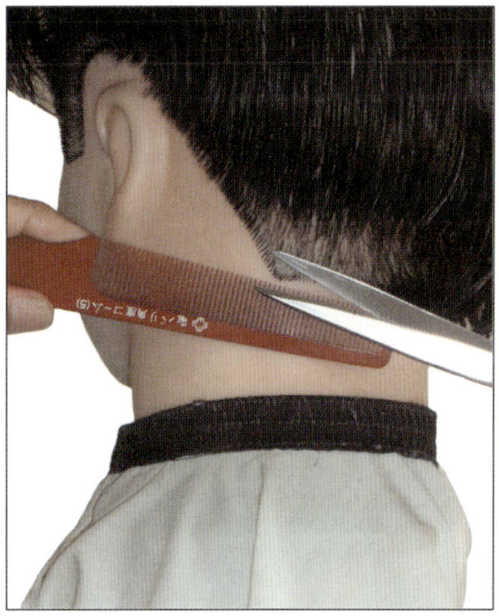

② 바리캉을 사용하고 7호나 9호 빗으로 싱글링을 사용한 다음 1호 빗을 사용한다. 1호 빗은 빗살 끝으로 컷팅을 시작한다.

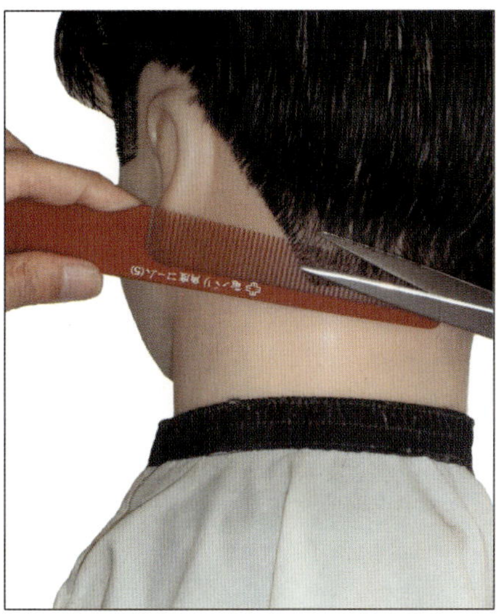

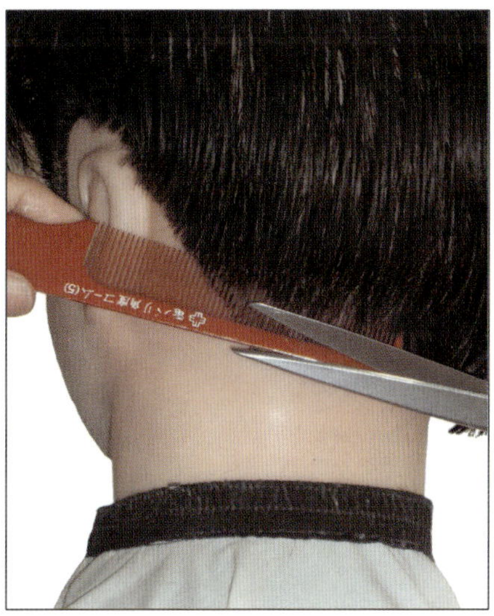

③, ④ 1호 빗은 빗살 끝으로 컷팅이 시작되어 빗 중간 빗 등까지 전진하면서 컷팅하며 헤어라인까지 그라데이션이 완벽하게 되도록 시술한다.

[그림 2-41] 1호 빗 사용방법

Ⅷ. 시험에 대비한 조발술

시험에 대비한 조발술에서는 조발술 과제의 진행하는 과정과 시술방법을 사진을 통하여 설명하기로 한다.

[그림 2-42] 시험을 위한 조발술 시술과정

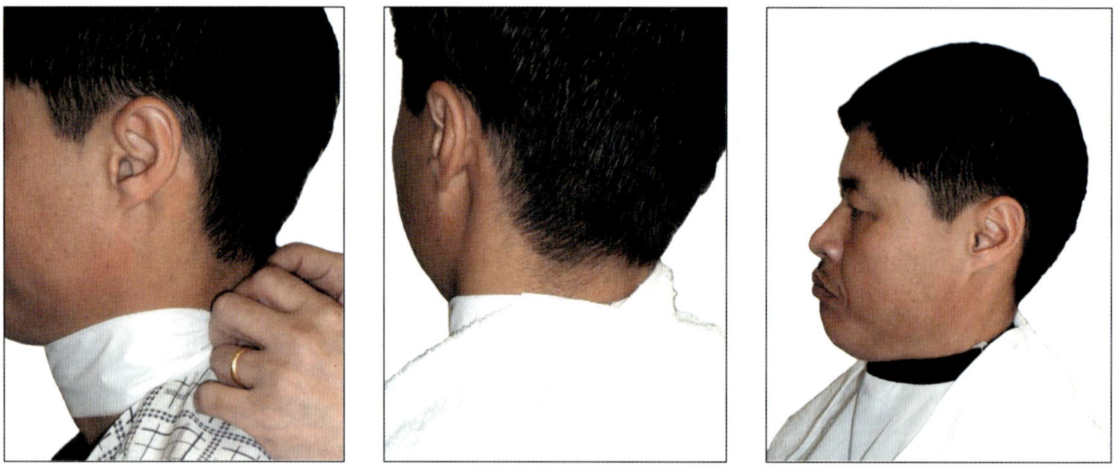

① ② ③

①~③ 목지를 목에 두르고 그 위에 목수건을 V자로 두른다. 그 위에 커트보를 두르고 난 다음 수건을 V자로 두른다.

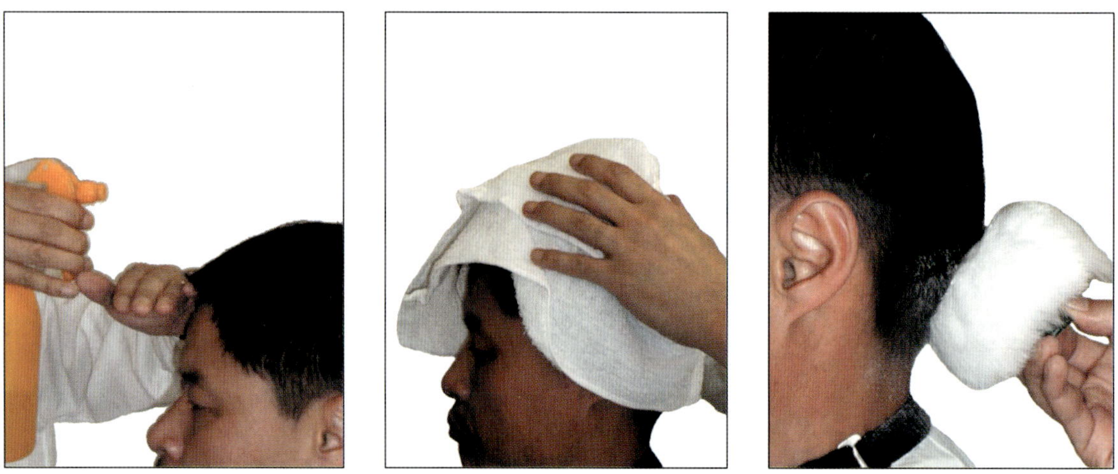

④ ⑤ ⑥

④~⑥ 물을 뿌리고 난 다음 어깨 위에 있던 수건으로 물을 닦는다. 그리고 바리캉을 사용하기 위하여 첨가분을 바른다.

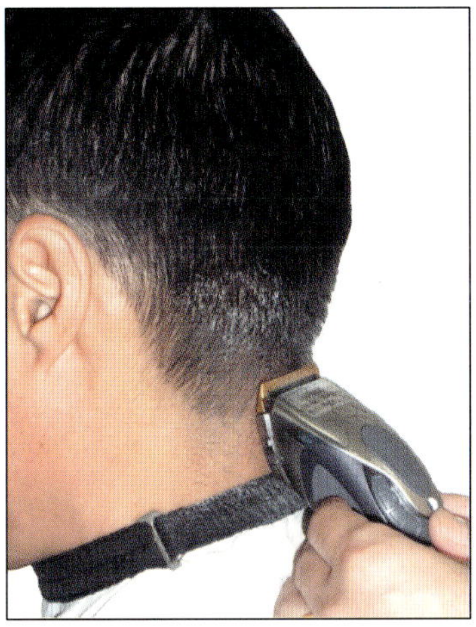

⑦

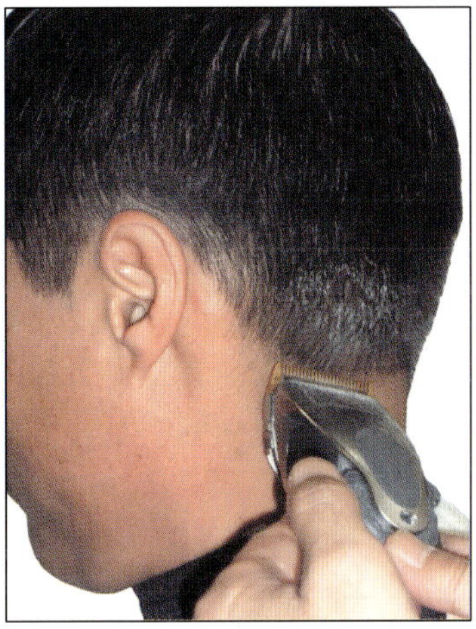

⑧

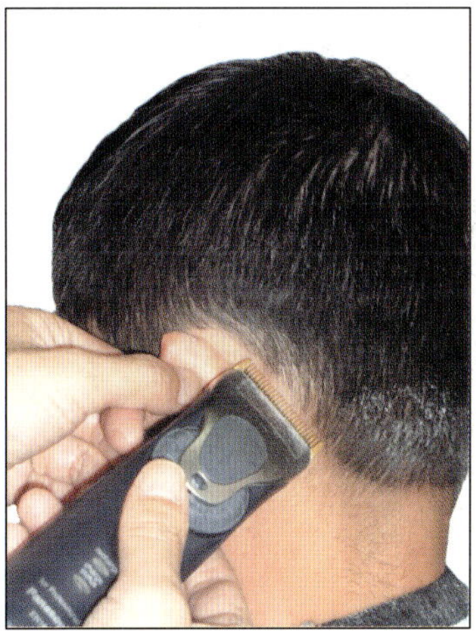

⑨

⑦~⑨ 네이프 라인에서는 바리캉을 2~3cm 정도 올린다.

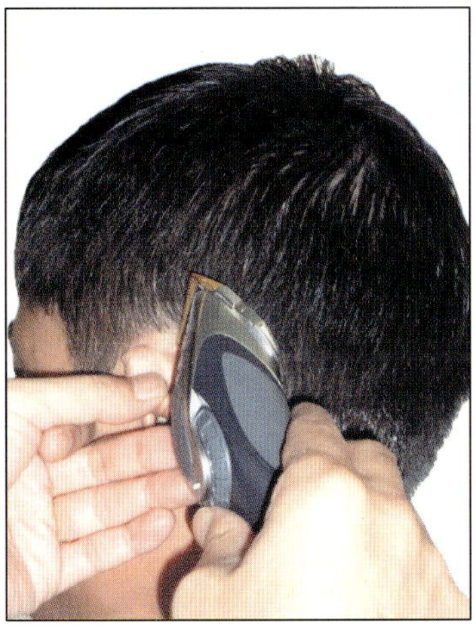

⑩

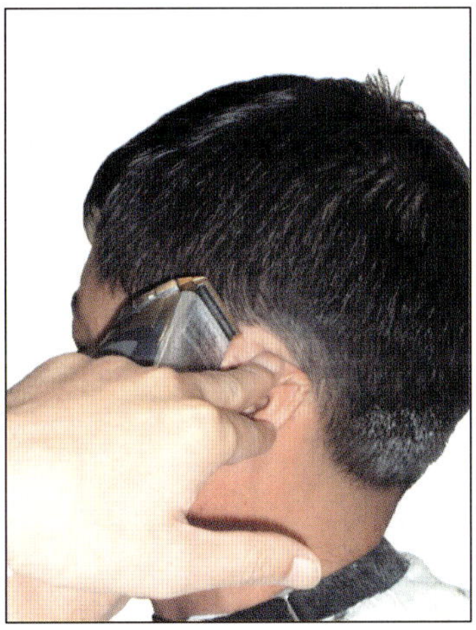

⑪

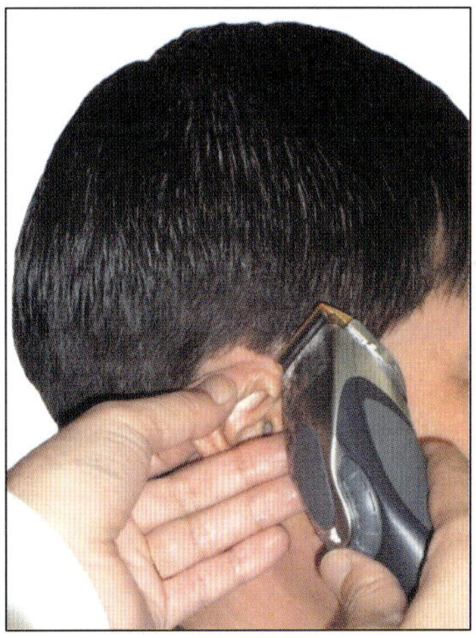

⑫

⑩~⑫ 사이드 햄라인 부분은 0.5~1cm 올리고 구렛나루 부분은 약 1cm 정도 올린다.

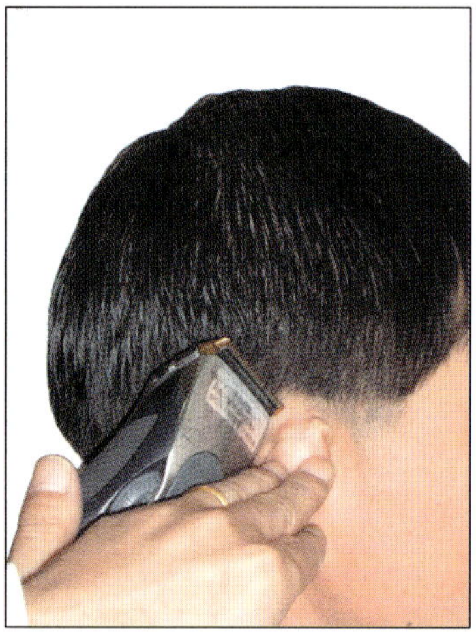

⑬

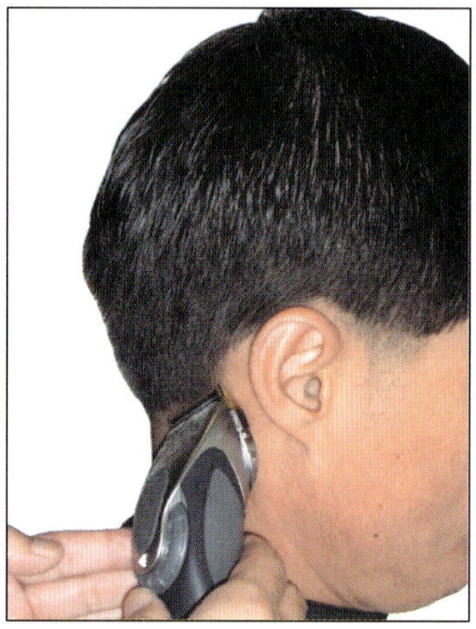

⑭

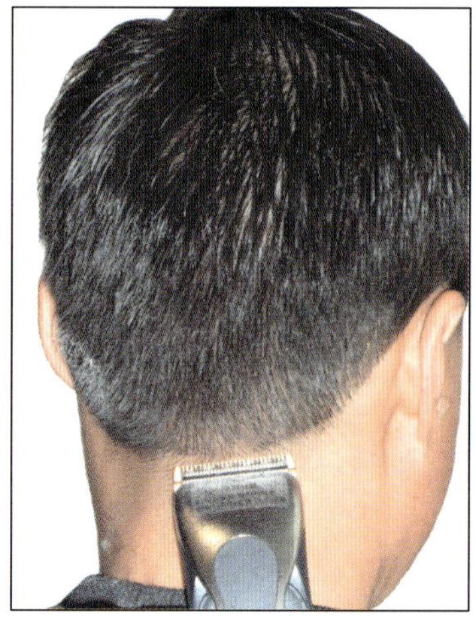

⑮

⑬~⑮ 백에서 시작하여 좌측으로 다시 우측에서 네이프 라인으로 연결시킨다.

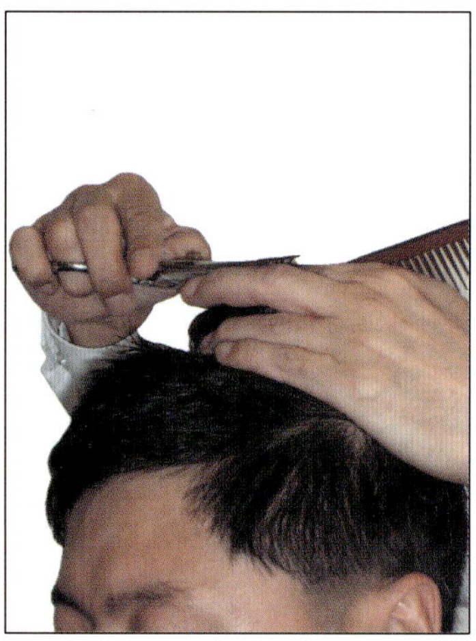

⑯

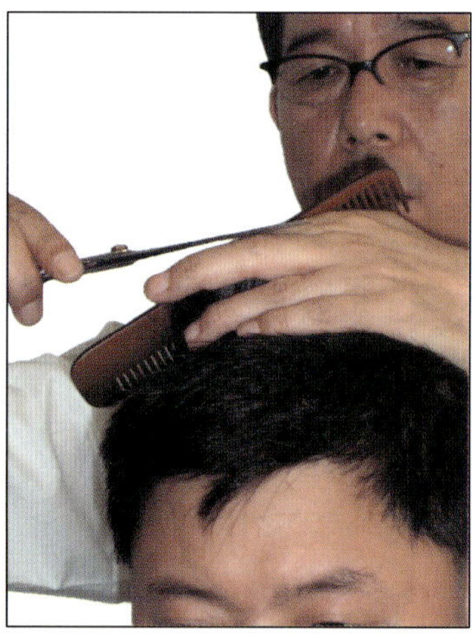

⑰

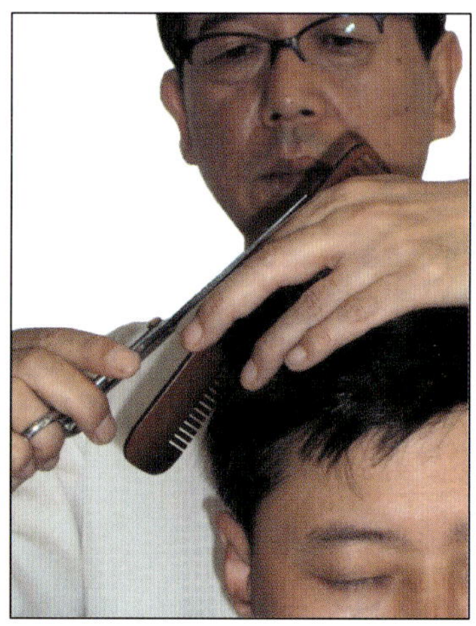

⑱

⑯~⑱ 1블럭부터 2, 3블럭까지 1블럭은 프론트에서 골덴 포인트까지 2, 3블럭은 프론트 사이드에서 크라운까지 5~6번의 섹션을 떠서 컷팅한다.

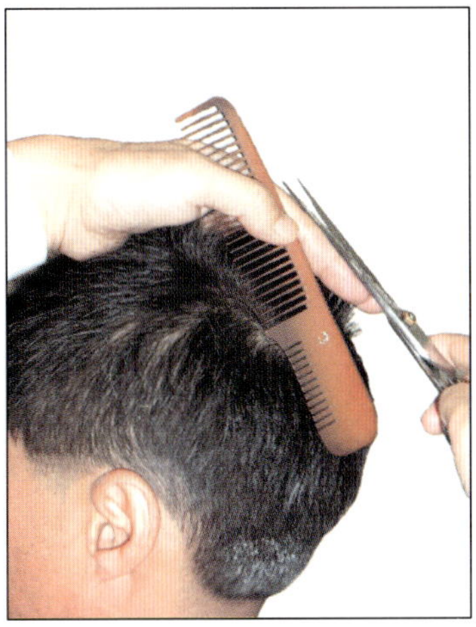

⑲

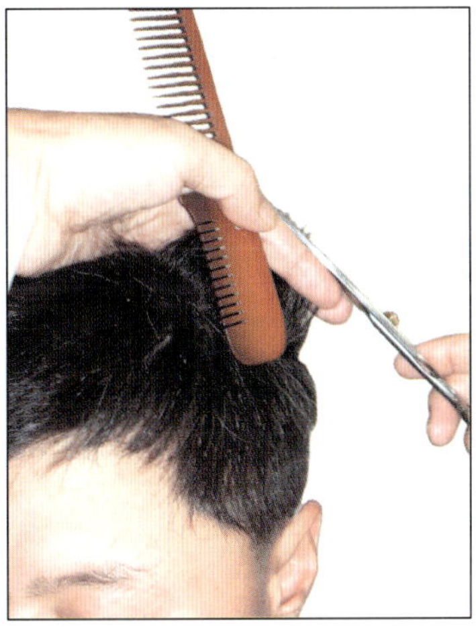

⑳

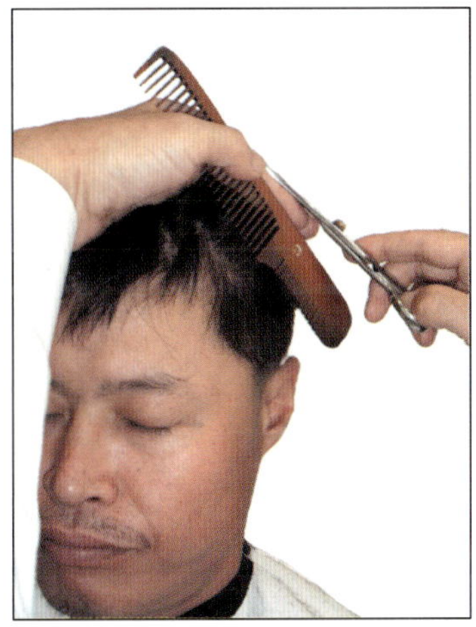

㉑

⑲~㉑ 우측 F・S・P에서 시작하여 U라인을 중심선으로 하여 두피에서 약 90°의 패널을 떠서 길이를 조정하여 컷팅한다.

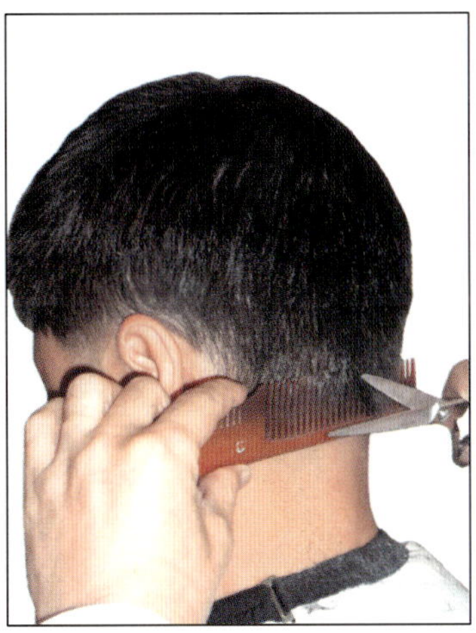

㉒

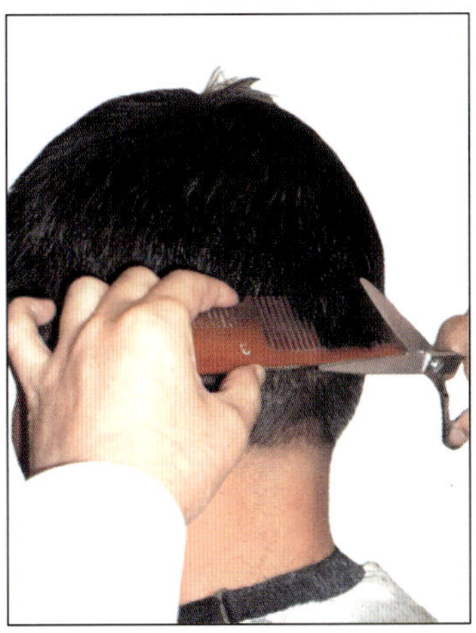

㉓

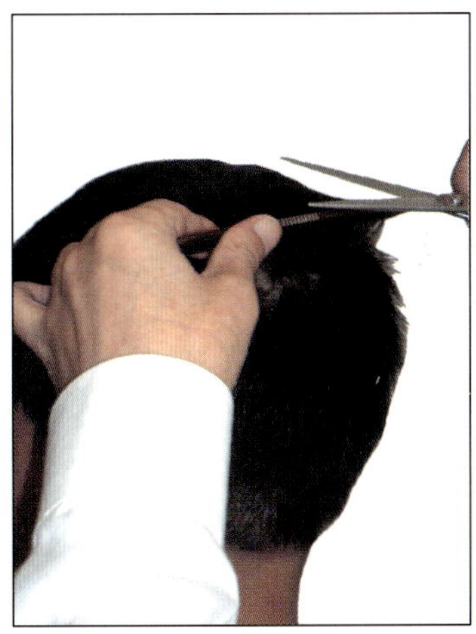

㉔

㉒~㉔ 윗머리 컷팅을 끝내고 난 다음 7~9호 빗으로 바리캉을 사용한 부분을 0°로 하여 ㉓ 헤어라인까지 두피에서 빗의 각도가 45°를 기점으로 U라인과 빗의 각도가 90°가 되도록 컷팅한다. 여기서 주의할 점은 45°를 지나고 나면 빗살 끝이 두피에서 떨어져야 한다.

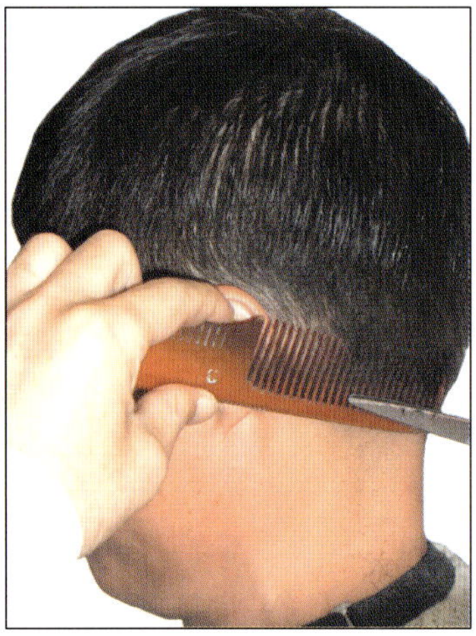

㉕

㉕ 네이프 사이드로 진행하여 그라운으로 향한다.

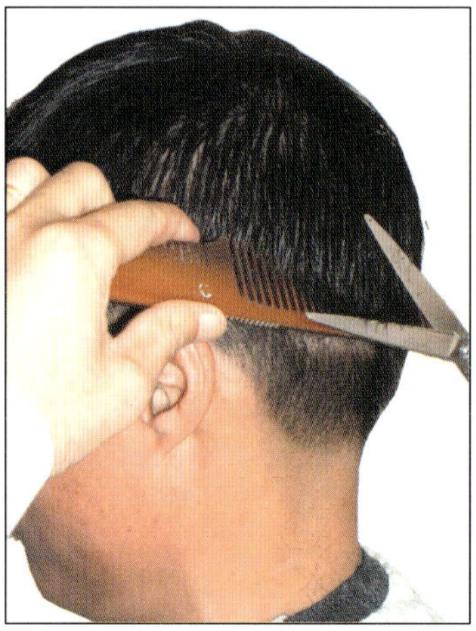

㉖

㉖ 헤어라인 완성을 위하여 빗의 각도가 두피에 45°가 되도록 한다.

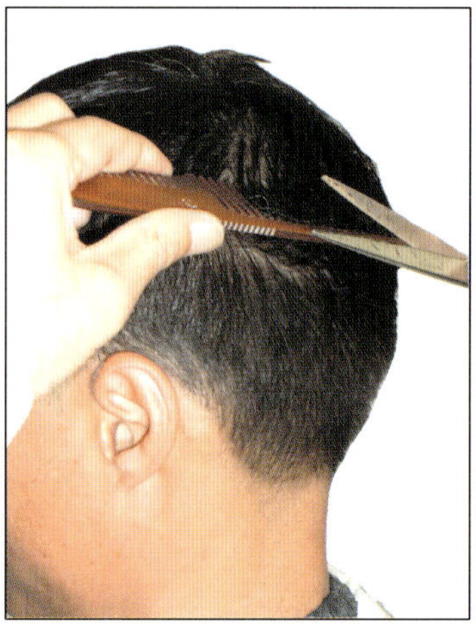

㉗

㉗ 45°를 이루고 난 다음에는 빗살 끝이 두피에서 떠서 진행한다.

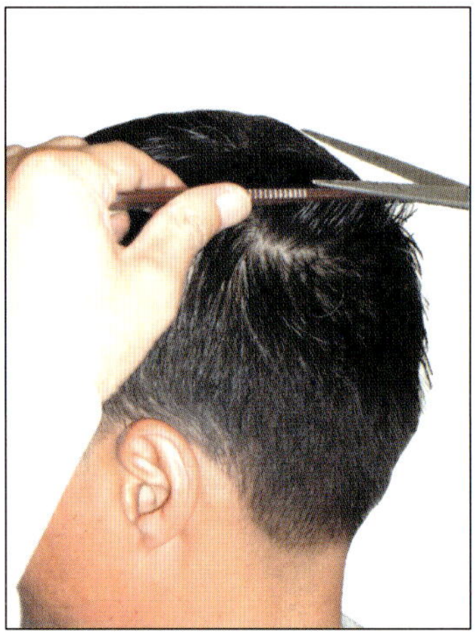

㉘

㉘ 빗의 각도가 U라인에서 90°가 되도록 하여 컷팅한다.

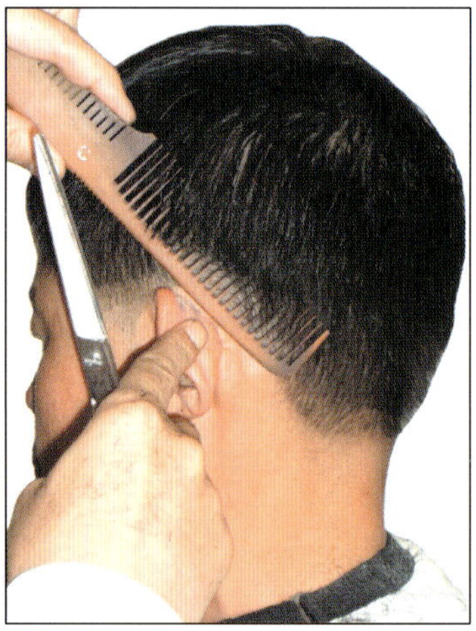

㉙

㉙ E・B・P에서 빗 등은 햄라인과 같은 선상에 둔다. 빗을 햄라인에 붙일 때 오른손 검지로 귀를 눌러서 안전사고가 없도록 한다.

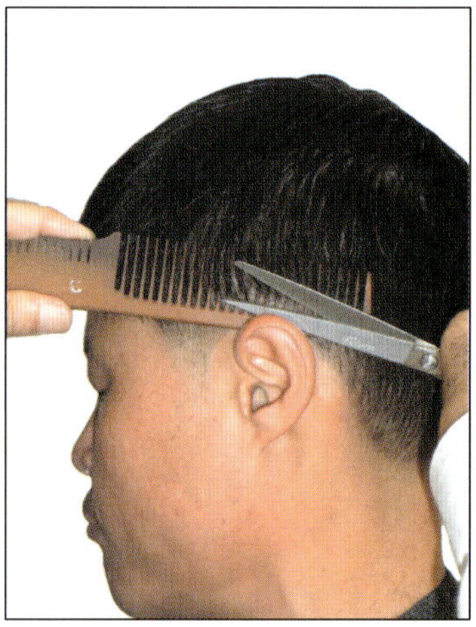

㉚

㉚ E・P 부분에서의 가위동작은 신중해야 한다.

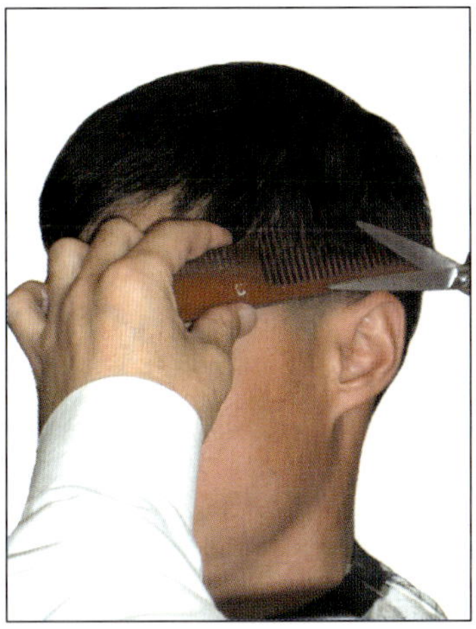

㉛

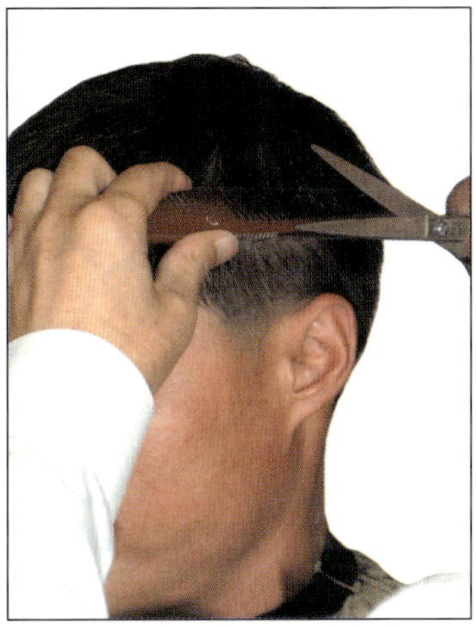

㉜

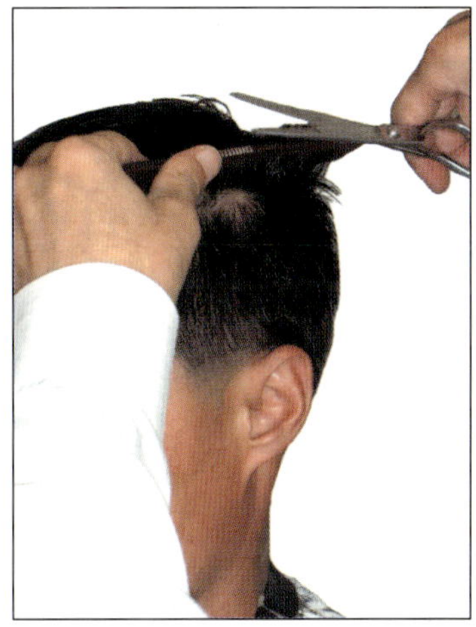

㉝

㉛~㉝ E・P 앞부분에서의 가위동작은 가위 뒷부분에 귀가 걸리기 때문에 매우 신중해야 한다.

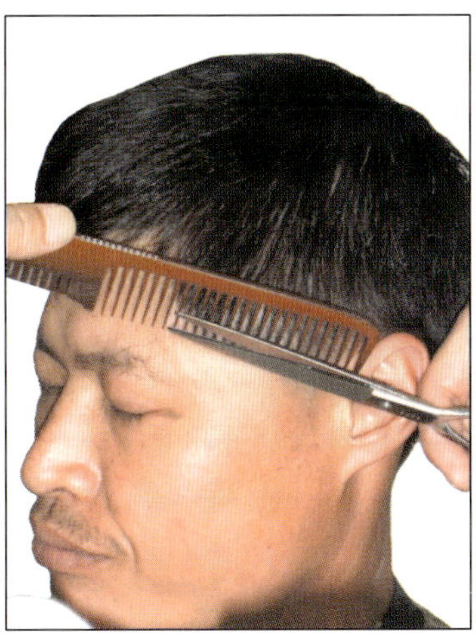

㉞

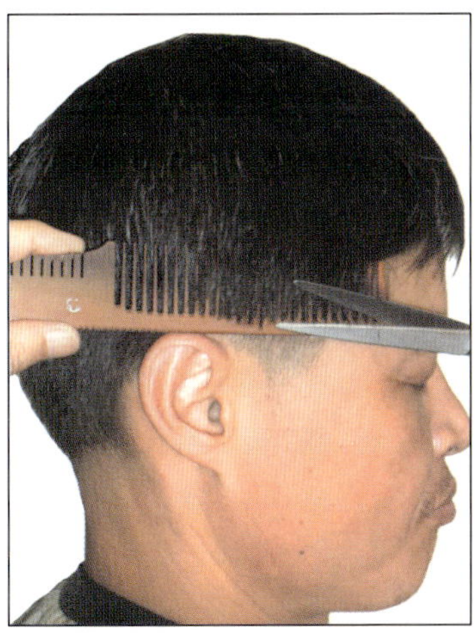

㉟

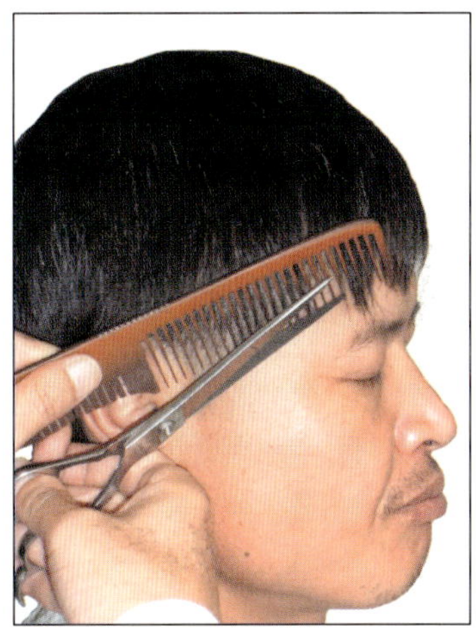

㊱

㉞ S・P와 S・C・P 중간사이 모발은 앞쪽으로 약 45°로 빗어서 컷팅한다.

㉟ 좌측이 끝나고 난 다음 우측 S・C・P부터 시작한다.

㊱ ㉞와 동일하게 컷팅한다.

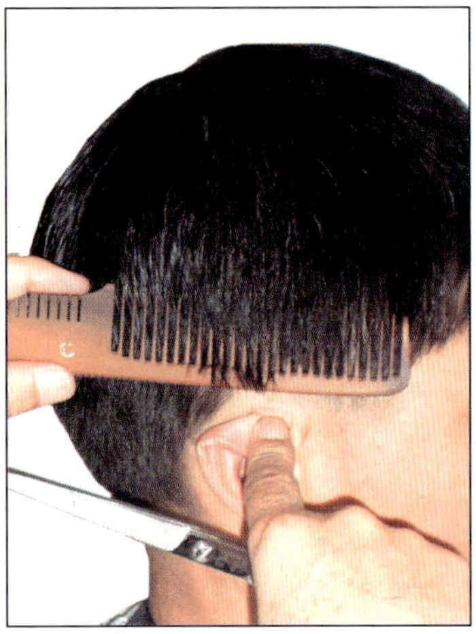

㊲

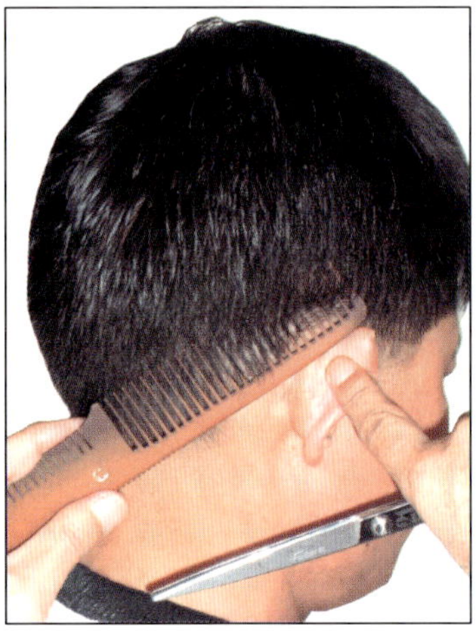

㊳

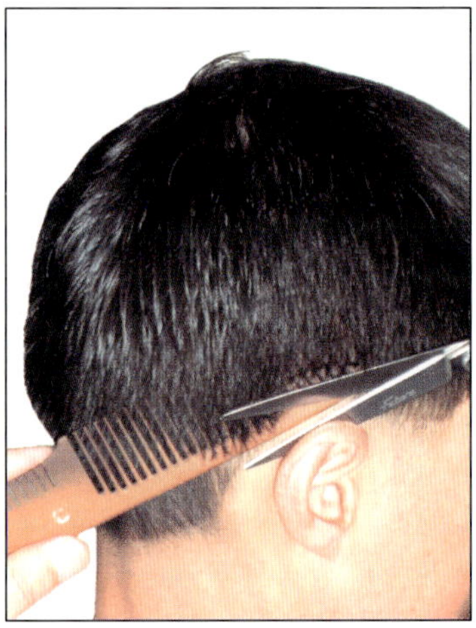

㊴

㊲～㊴ 빗 등은 햄라인에 따라 진행하며 오른손 검지로 귀를 누른다. 가위의 동작은 안전사고를 방지하기 위하여 신중하게 하여야 한다.

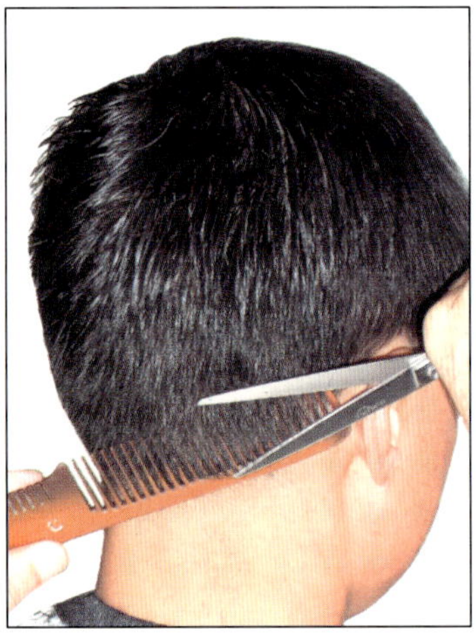

㊵

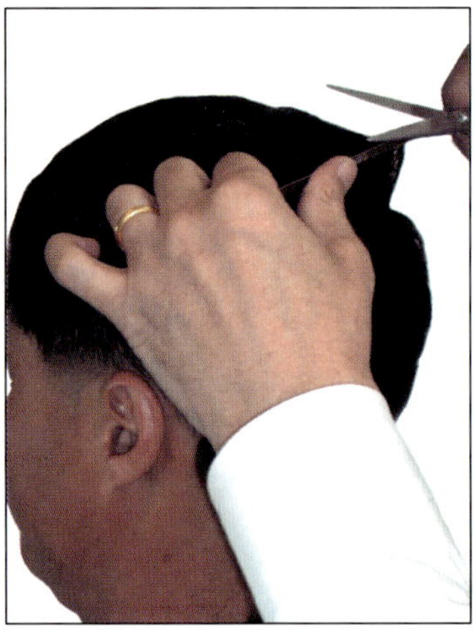

㊶

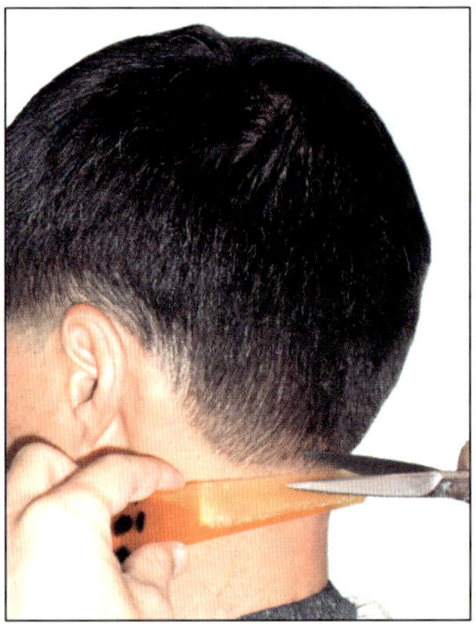

㊷

㊵ 가위의 안쪽 부분에 귀가 접촉될 수 있으므로 아주 신중하게 시술하여야 한다.

㊶ Back에서 마무리한다.

㊷ 7-9호 빗으로 시술한 다음 1호 빗으로 다시 시술하여 헤어라인까지 그라데이션을 만든다.

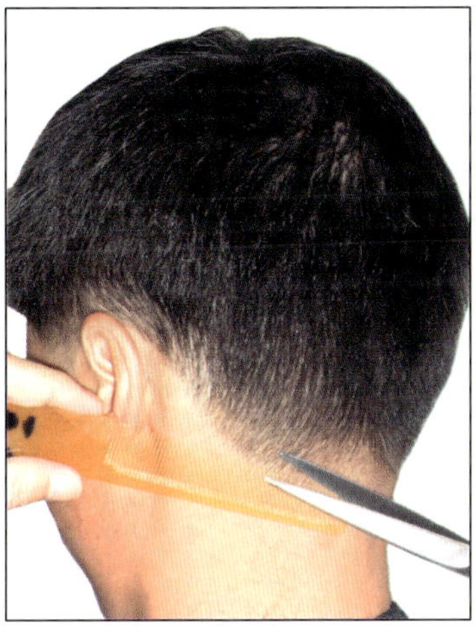

㊸

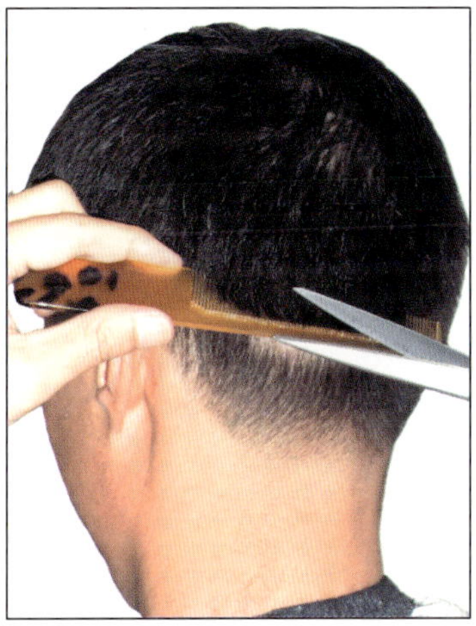

㊹

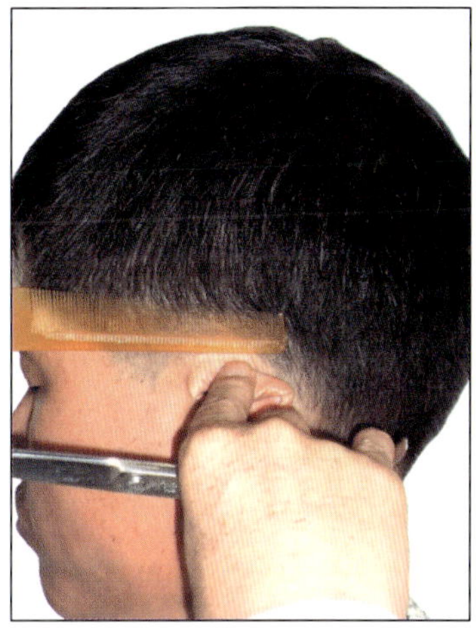

㊺

㊸~㊹ 1호 빗도 7호나 9호 빗과 같이 진행한다. 다만 헤어라인을 완성시키고 난 후 시술을 끝낸다. 1호 빗은 U라인까지 진행하지 않는다.

㊺ E·P부분에서 1호 빗을 사용할 때, 가위동작은 정밀하고 천천히 한다.

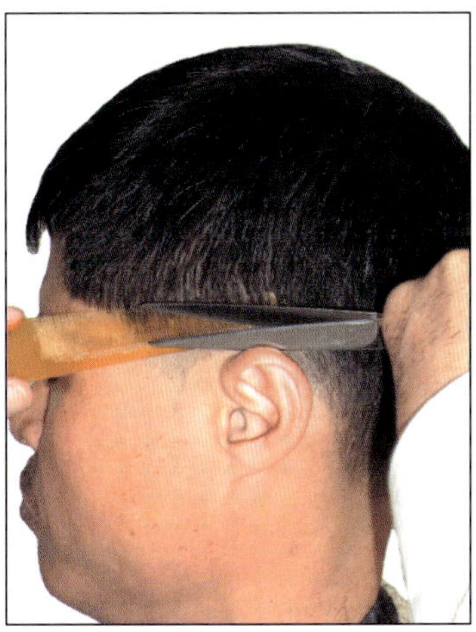

㊻

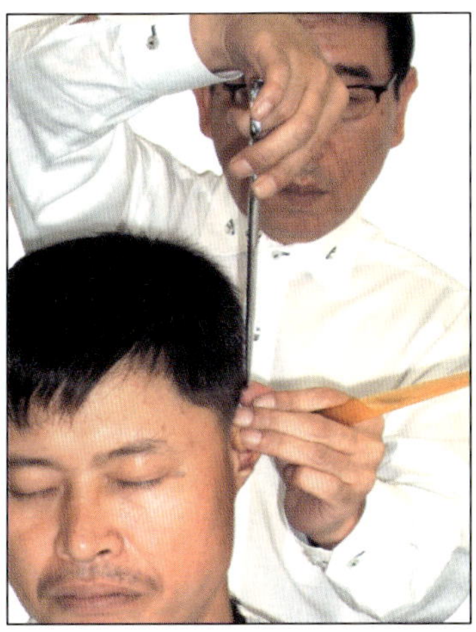

㊼

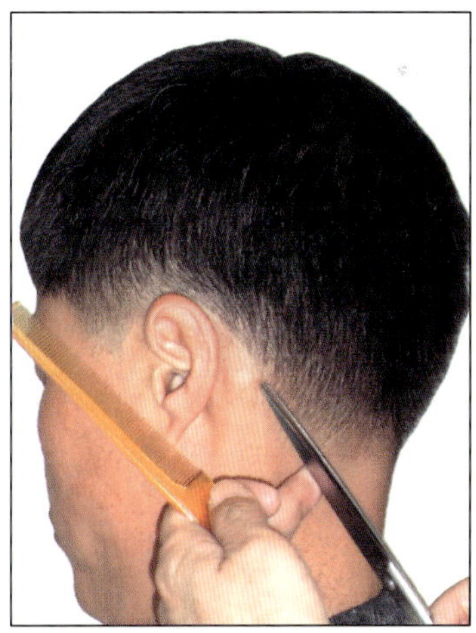

㊽

㊻ E·P부분에서는 앞으로 약 1cm 정도씩 진행한다.

㊼ 네이프부분과 사이드부분의 시술이 끝나고 난 후 돌출부분을 다듬는다.

㊽ 좌측 시술이 완전히 끝나고 나면 햄라인을 정리한다.

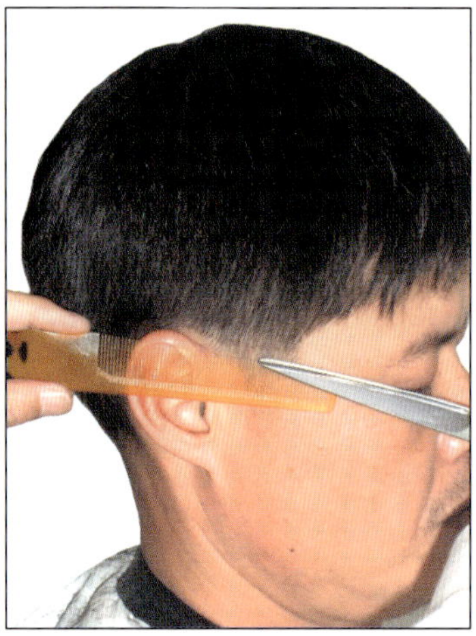

㊾

㊾ 우측부분의 시술과정도 좌측과 같다.

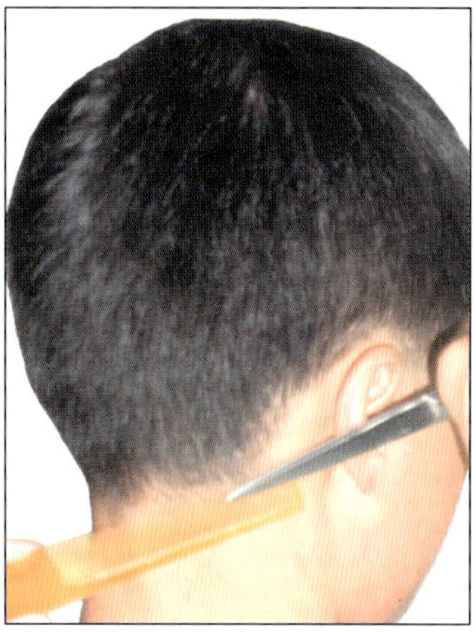

(50)

(50) 이 부분의 시술은 특히 조심하여야 한다. 가위동작에서 귀를 다칠 수 있다.

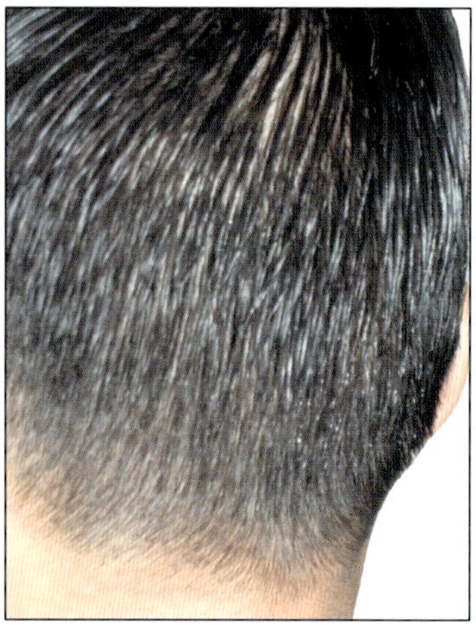

(51)

(51) 네이프 부분에서 연결하여 완성시킨다.

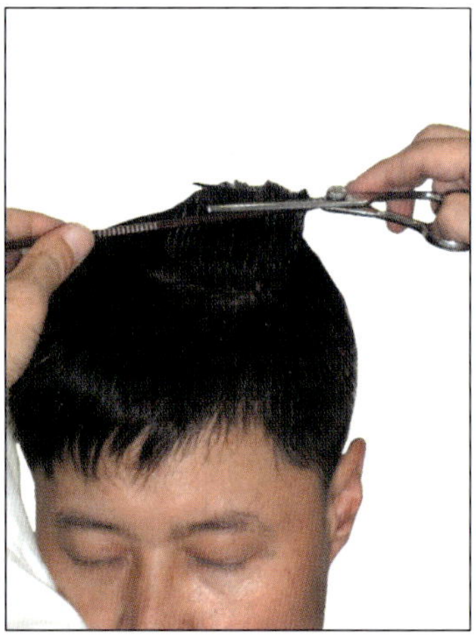

(52)

(52) 헤어라인을 완성시키고 난 다음 앞에서 배운 것과 같이 틴닝을 한다.

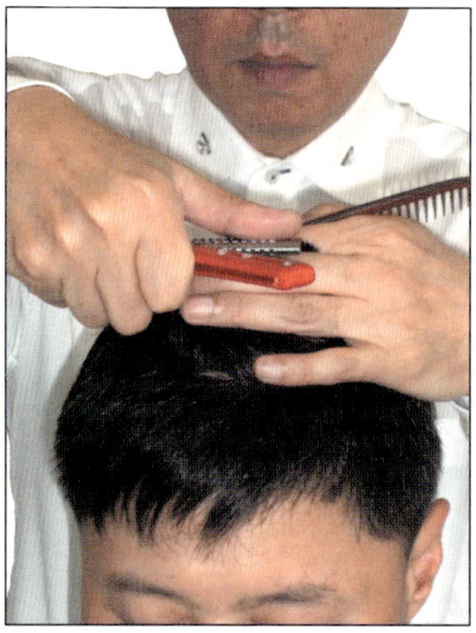

(53)

(53) 틴닝이 끝나고 나면 마지막으로 레이저 시술을 하여 모발의 끝을 자연스럽게 만든다.

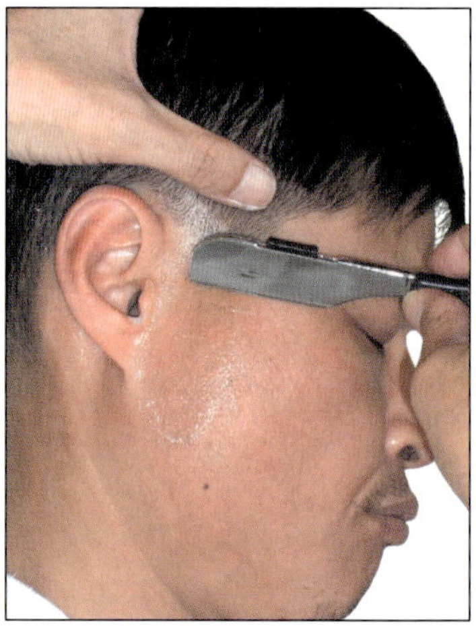

(54)

(54) 컷팅이 끝나고 나면 레이저로 햄라인을 정리한다. 왼손 엄지를 밀어 올리면서 레이저를 가볍게 사용한다.

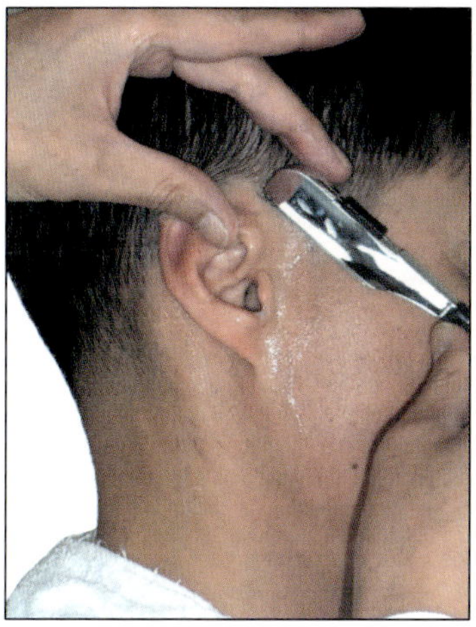

⑮

⑮ 왼손 엄지로 귀를 내리고 중지로 받쳐 레어저를 프리핸드로 쥐고 앞쪽 끝부분으로 가볍게 내리면서 시술한다.

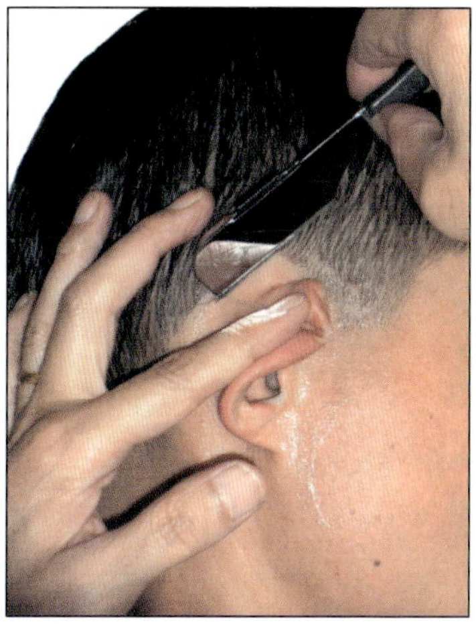

⑯

⑯ E·P부분은 왼손 검지로 귀를 내리고 중지로 받쳐서 가볍게 터치하듯이 시술한다.

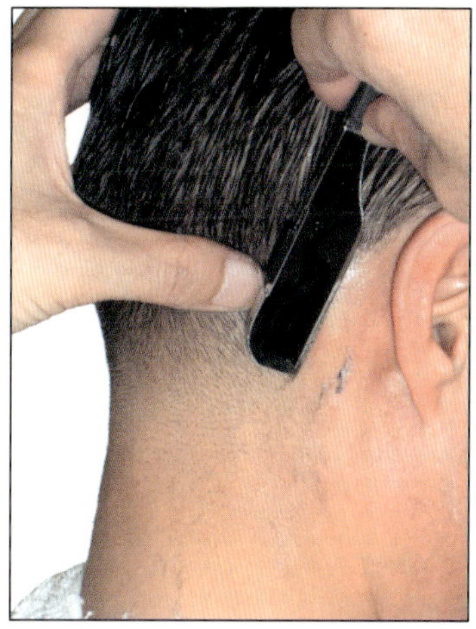

⑰

⑰ 왼손 엄지로 받치고 레이저 앞쪽 부분으로 가볍게 터치하듯이 시술한다.

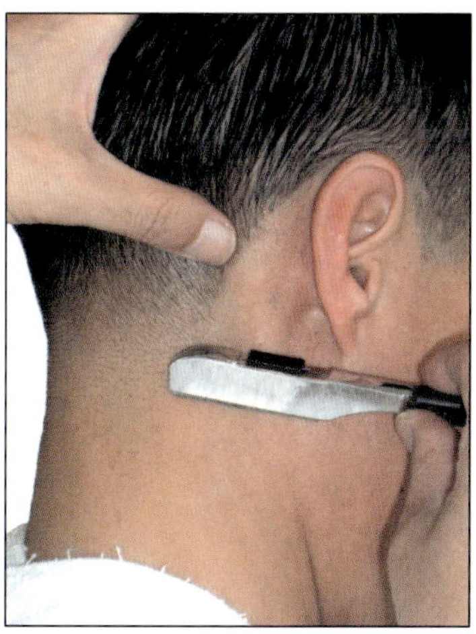

⑱

⑱ 왼손 엄지로 받치고 레이저 앞쪽 부분으로 목 부분을 밑으로 가볍게 내려 시술한다.

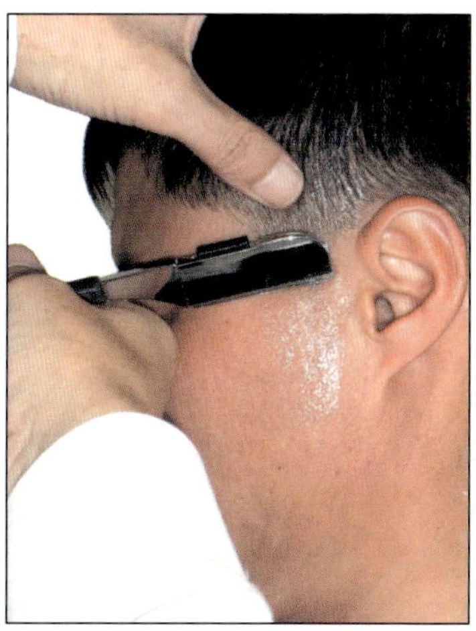

⑲

⑲ 좌측은 백 핸드로 레이저를 잡고 왼손 엄지로 받치면서 밑으로 가볍게 내려 시술한다.

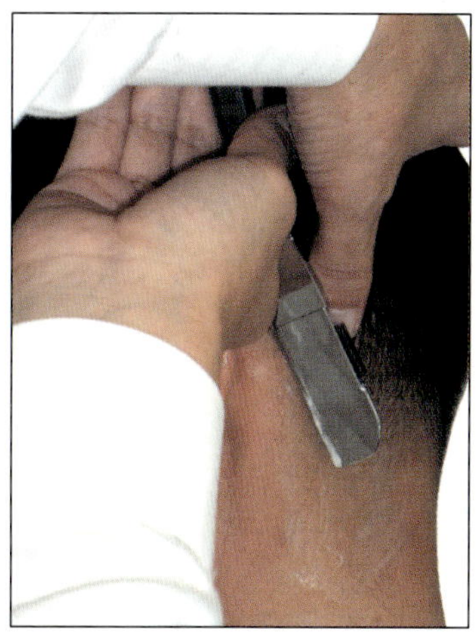

⑳

⑳ 왼손 엄지로 받치고 레이저는 백 핸드로 쥐고 가볍게 터치하듯이 시술한다.

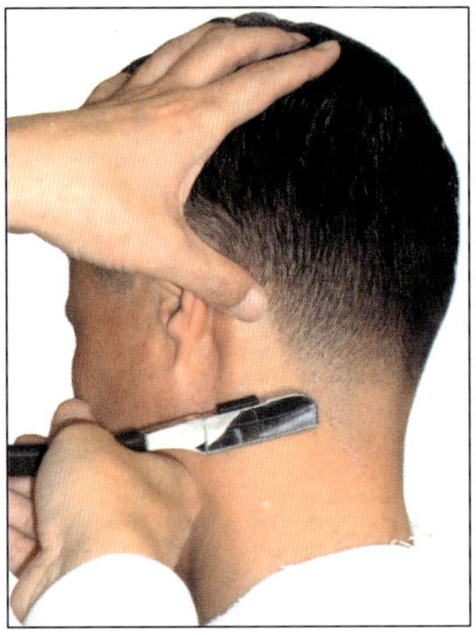

⑹1

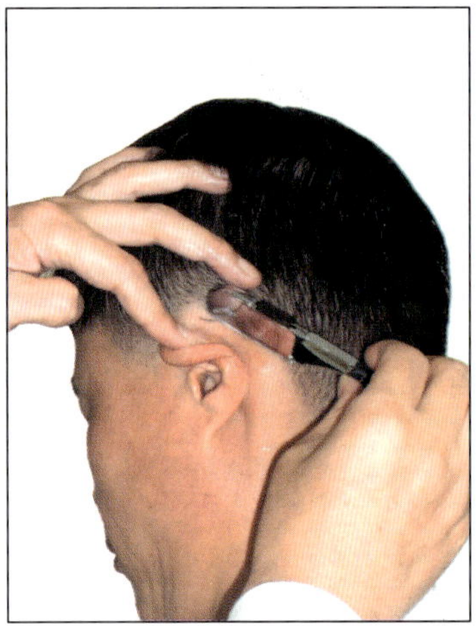

⑹2

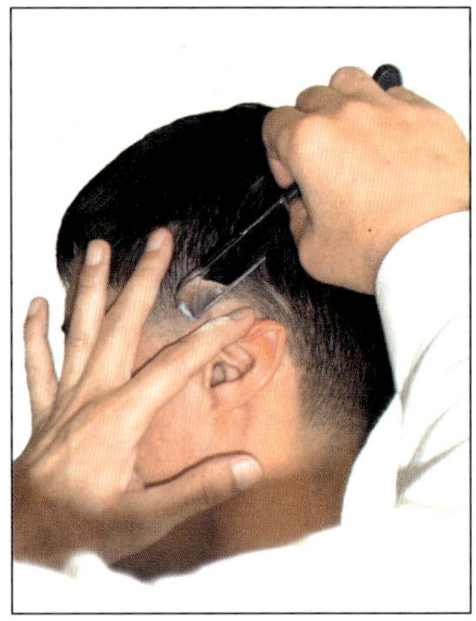

⑹3

⑹1 왼손 엄지로 받치고 레이저는 백으로 쥔 상태에서 가볍게 내리면서 시술한다.

⑹2~⑹3 왼손 검지로 귀를 내리고 중지로 받친 상태에서 레이저는 프리핸드로 잡고 앞쪽 끝으로 가볍게 터치하듯이 시술한다.

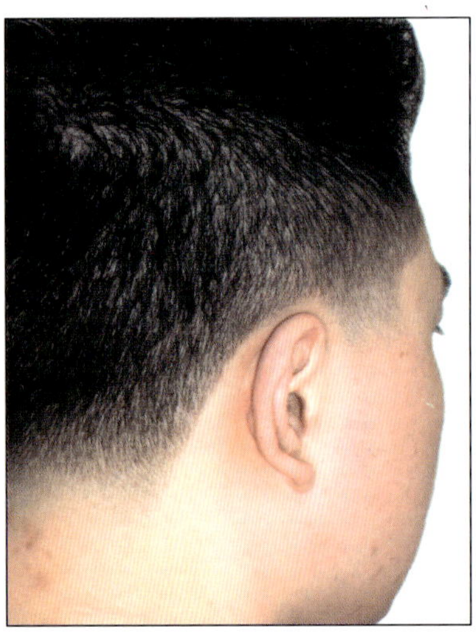

⑹4

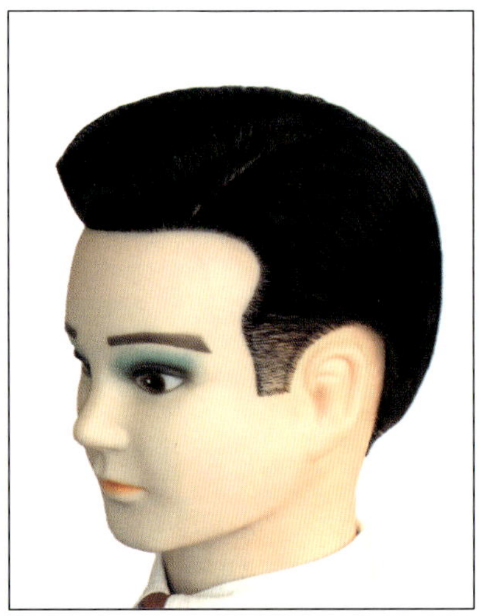

⑹5

완 성 작 품

제2장 면체술(Shaving)

Ⅰ. 면체술의 레이저 종류

1. 양 도

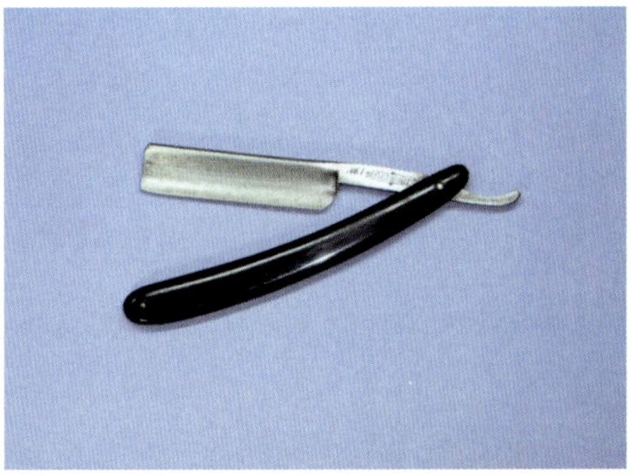

[그림 2-43] 양 도

레이저의 날이 양면으로 제작되어 있기 때문에 숫돌에 연마할 때도 양면을 연마하여야 한다. 그리하여 양도라 부르기도 하지만 서양에서 제작되어 사용되기 시작하였는 바 양도라 한다.

2. 일 도

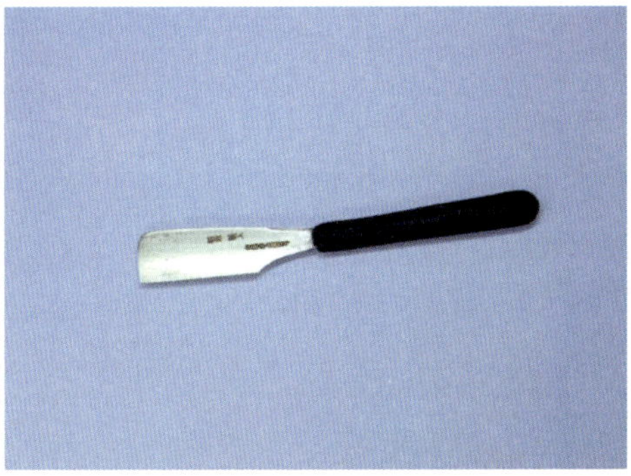

[그림 2-44] 일 도

레이저의 날이 한 면으로 제작되어 있기 때문에 숫돌에 연마할 때도 한 면을 연마한다. 그래서 일도라 부르기도 하지만 일본에서 제작되어 사용되기 시작하였는 바 일도라 한다.

3. 일회용 일도

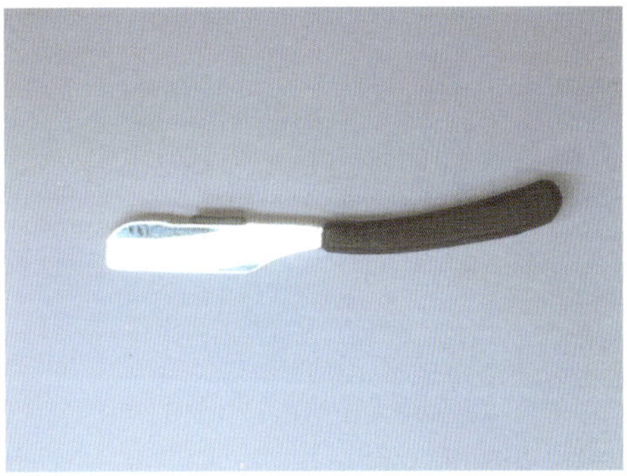

[그림 2-45] 일회용 일도

레이저 자루가 일도와 비슷하게 제작되어 있으며 레이저 날을 1회용으로 바꾸어 사용하기 때문에 일회용 일도라 한다.

Ⅱ. 레이저를 쥐는 방법

1. 프리핸드(Free hand)

가장 기본적인 방법이며 레이저 자루를 엄지와 검지로 가볍게 잡고 자루 끝 부분은 약지와 새끼 손가락 사이에 끼워 손목을 사용하여 왼쪽으로 타원을 그리며 사용한다.

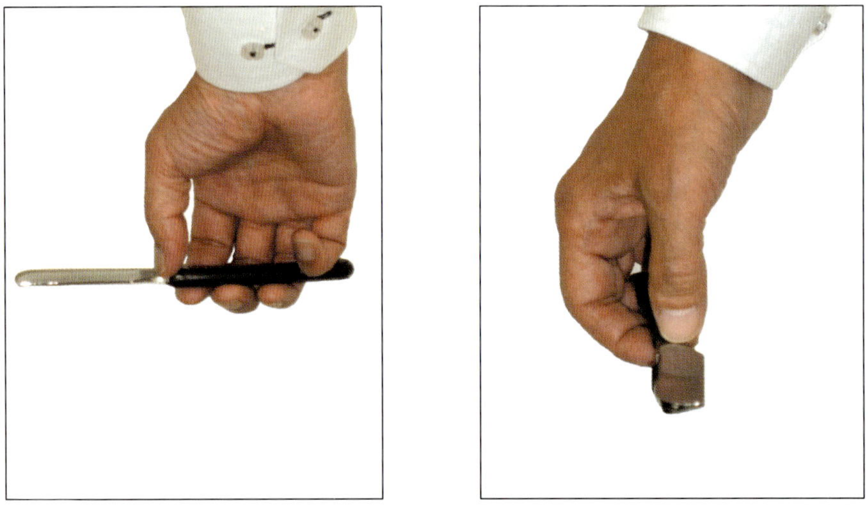

[그림 2-46] 프리핸드 쥐는 방법

2. 백핸드(Back hand)

프리핸드의 방법에서 손을 돌려 손바닥이 위로 향하게 하는 방법으로서 레이저의 날이 프리핸드의 반대 방향으로 향하게 하여 시술한다.

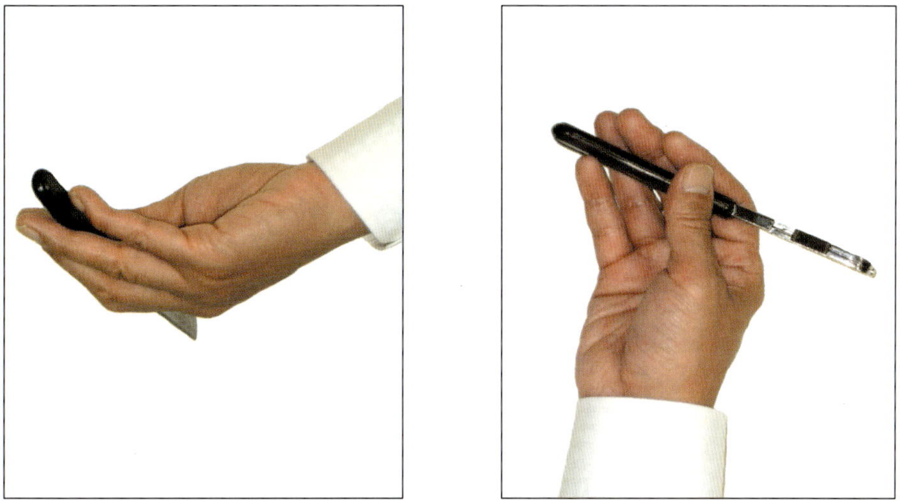

[그림 2-47] 백핸드 쥐는 방법

3. 푸쉬핸드(Push hand)

프리핸드의 방법에서 손목관절을 사용하여 손등을 위로 향하게 당겨주는 방법으로 레이저 날은 앞쪽으로 향하게 하여 밀어서 시술한다.

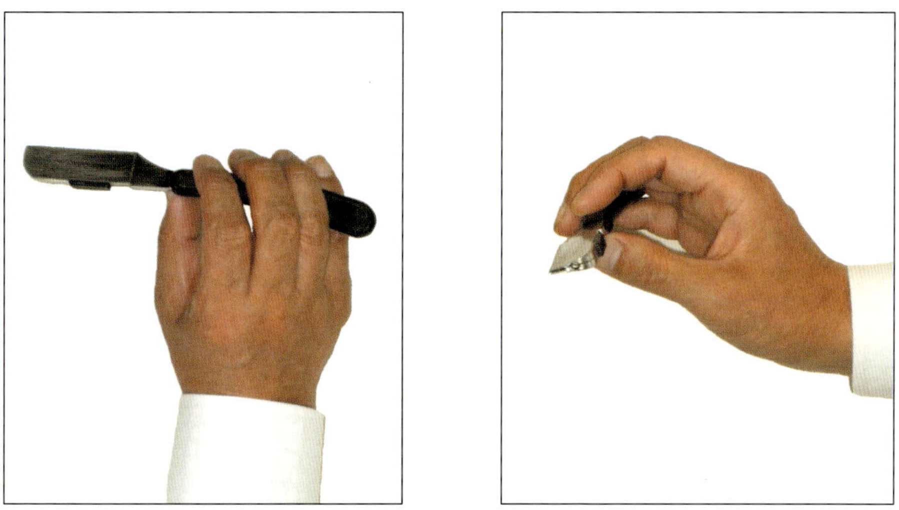

[그림 2-48] 푸쉬핸드 쥐는 방법

4. 펜슬핸드(Pencil hand)

레이저를 붓이나 펜을 쥐는 방법으로 레이저 날이 왼쪽으로 향하게 하여 옆으로 당기면서 시술한다.

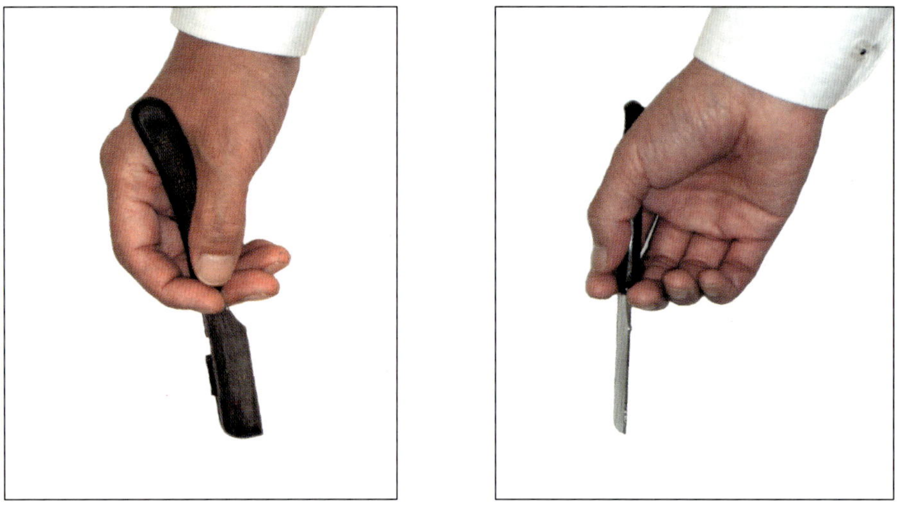

[그림 2-49] 펜슬핸드 쥐는 방법

5. 스틱핸드(Stick hand)

레이저를 일직선이 되게 똑바로 펴서 마치 가는 막대기를 쥐는 듯한 방법으로 오른쪽으로 밀면서 시술한다.

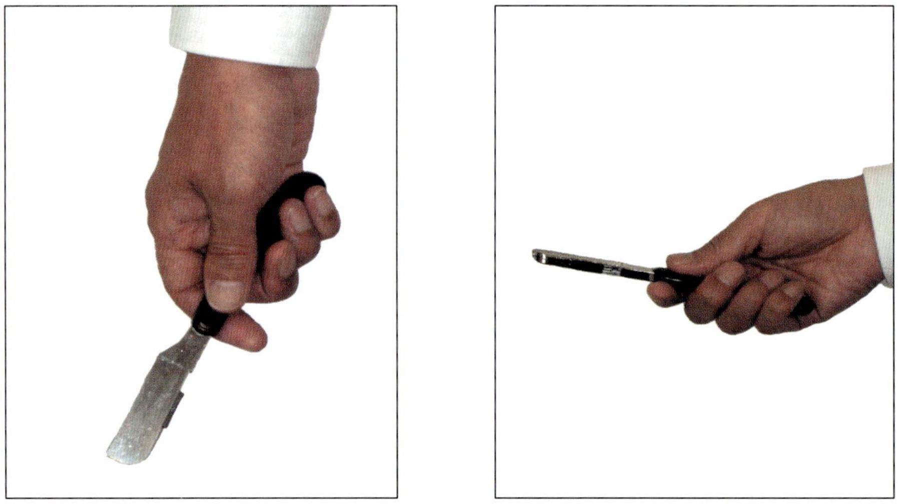

[그림 2-50] 스틱핸드 쥐는 방법

Ⅲ. 시험에 대비한 면체술

1. 면체술의 순서

면체술의 순서는 다음과 같다.

① 이마(정골), ② 우측빰(우측관골), ③ 좌측빰(좌측관골), ④ 코밑(상악골), ⑤ 턱(하악골)

2. 면체술의 실제

[그림 2-51] 면체술의 실제

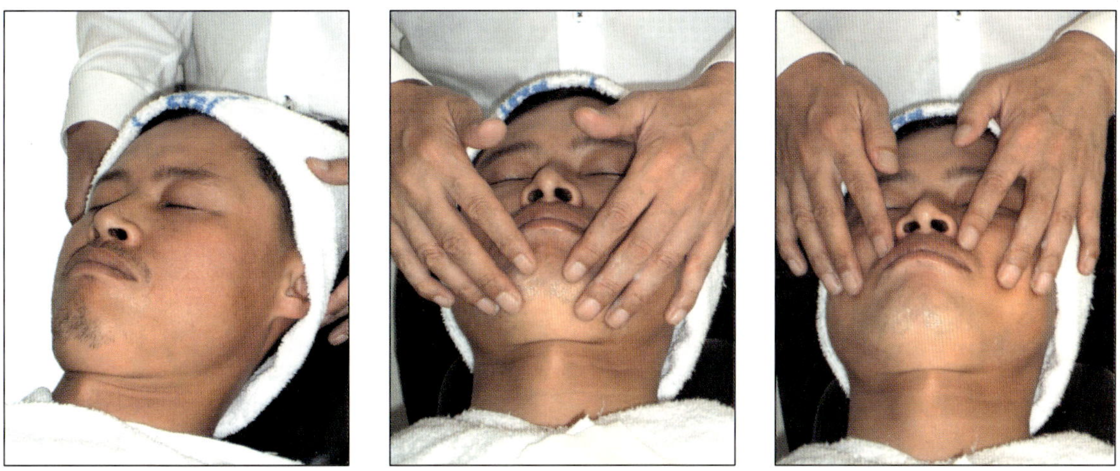

① ② ③

① 면체술을 시작할 때 모발을 수건으로 감싼다.

②~③ 비누거품을 사용하여 시술하는 것이 원칙이나 현재에는 면도로션을 사용하여 시술한다. 얼굴전체에 로션을 부드럽게 바른다.

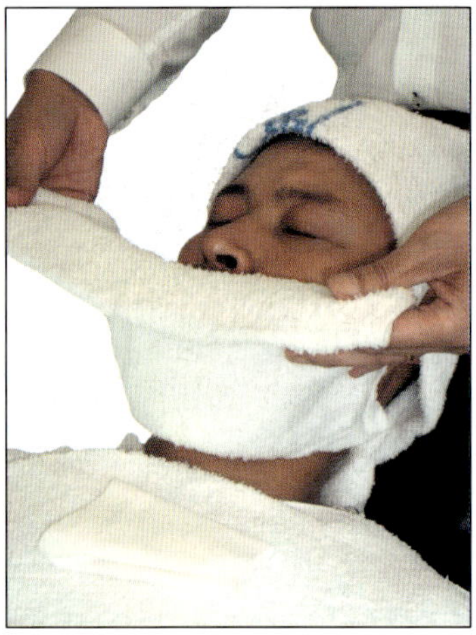
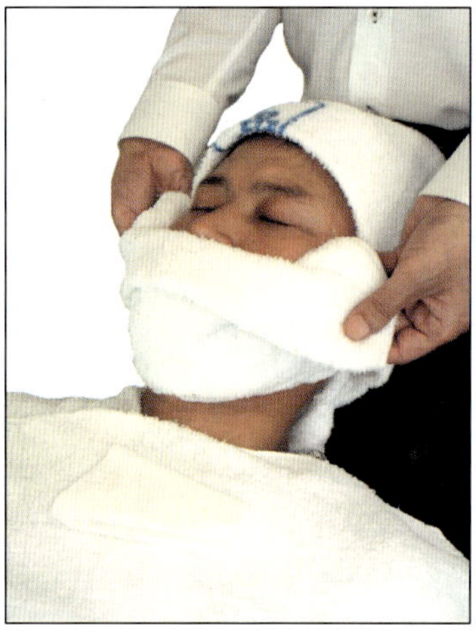
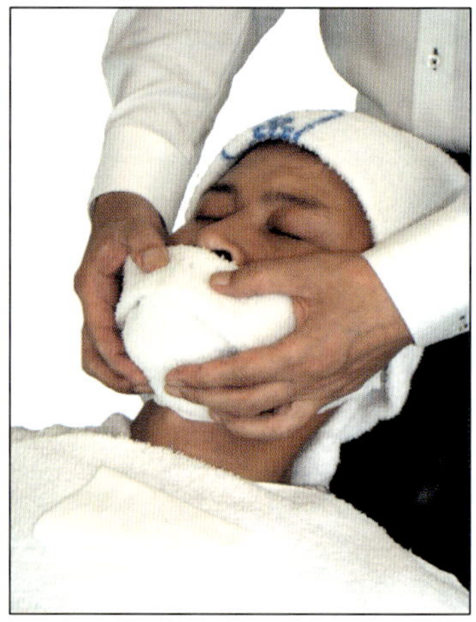

④ ⑤ ⑥

④~⑥ 피부의 긴장감을 완화시키고 수염을 부드럽게 하며 레이저의 진행을 완만하게 하기 위하여 스팀타올을 올린다. 타올은 양쪽 손 엄지와 검지로 잡으며 나머지 손가락으로 받치고 코밑 부분에서 접어 올리고 난 후 얼굴에 밀착시킨다.

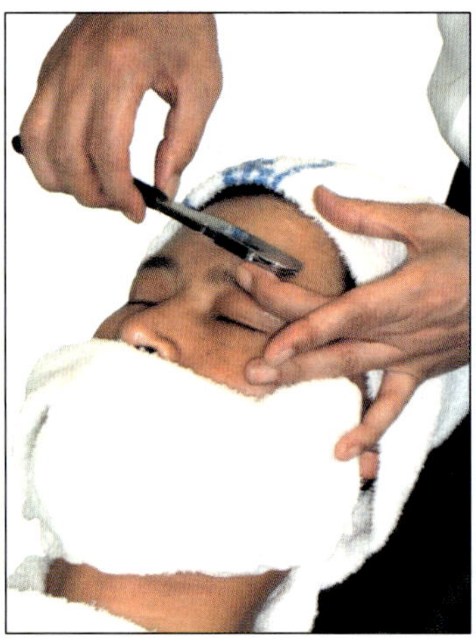
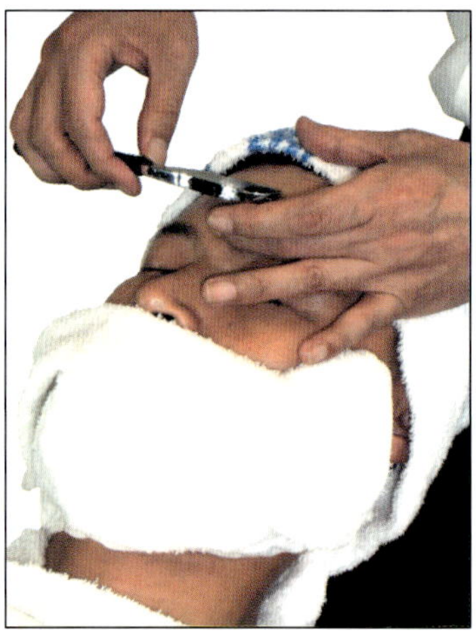
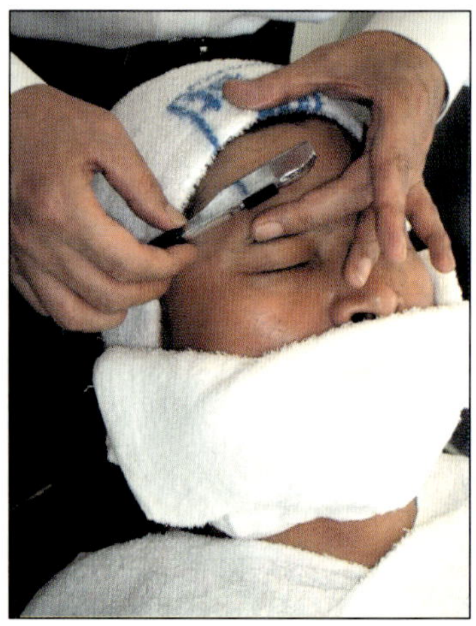

⑦ ⑧ ⑨

⑦ 좌측 이마의 시술은 엄지와 중지로 피부에 밀착시켜 레이저의 앞 날 부분을 사용한다.

⑧ 이마의 중간 부분 시술은 레이저의 중간 날 부분을 사용한다.

⑨ 우측 이마의 시술은 레이저의 뒷 날 부분을 사용한다.

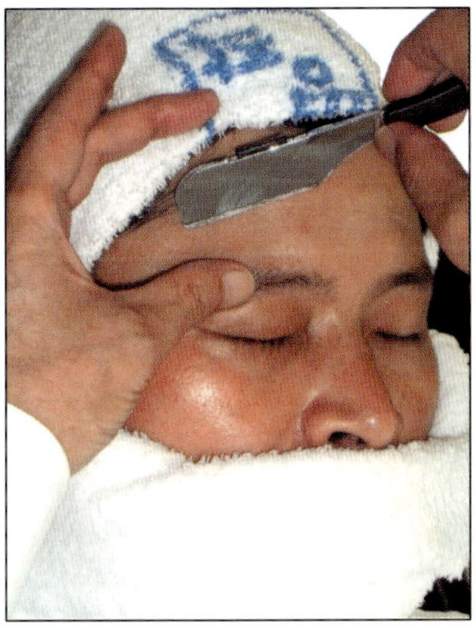

⑩

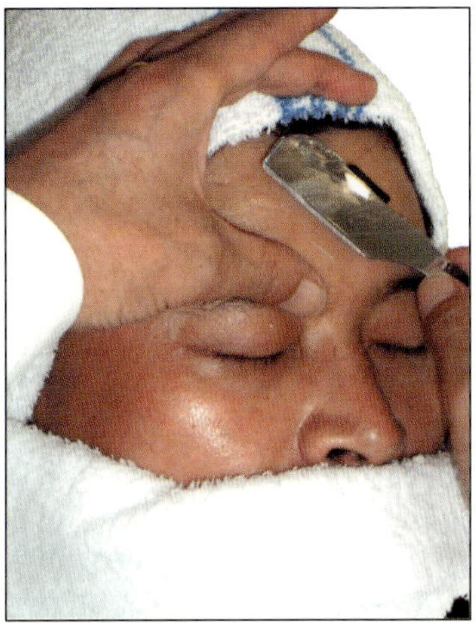

⑪

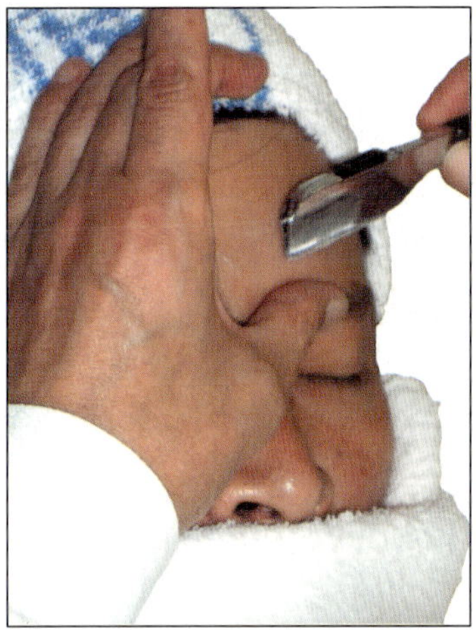

⑫

⑩~⑫ 눈썹 주위의 시술은 레이저의 앞부분, 중간부분, 뒷부분을 차례대로 사용하여 눈썹의 선을 다듬는다. ④~⑫번까지 레이저는 프리핸드로 쥔다.

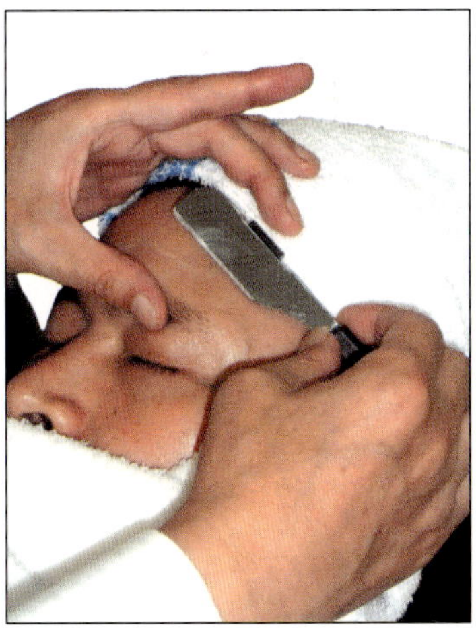

⑬

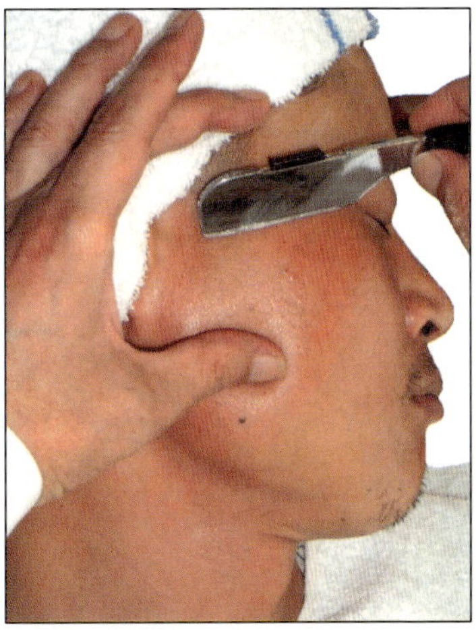

⑭

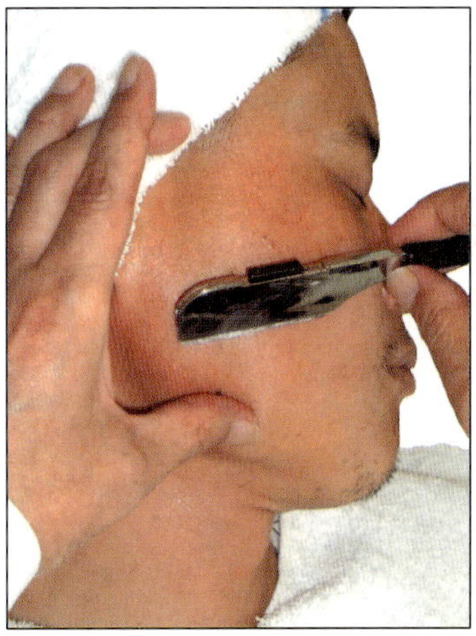

⑮

⑬ 손의 위치는 왼손 엄지와 중지의 역의 힘으로 피부를 당겨준다.

⑭~⑮ 우측관골의 시술은 레이저 날 자체로 사용하며 프리핸드로 쥐고 피부에 감각을 느끼지 못할 정도로 가볍게 아래쪽으로 진행한다.

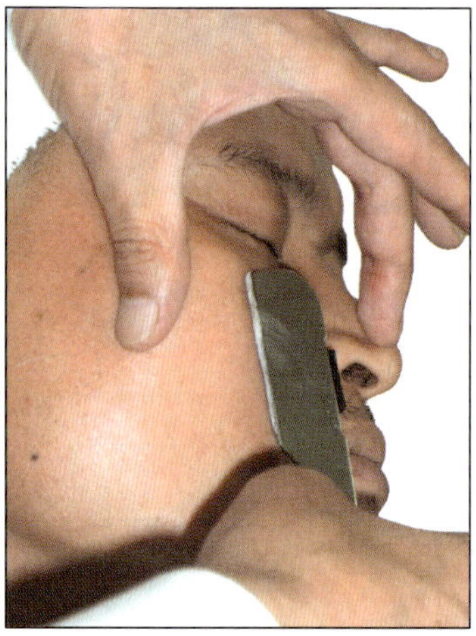

⑯

⑯ 중지를 코에 밀착시키고 엄지로 귀를 향하여 당긴다. 레이저로 같은 방향으로 진행한다.

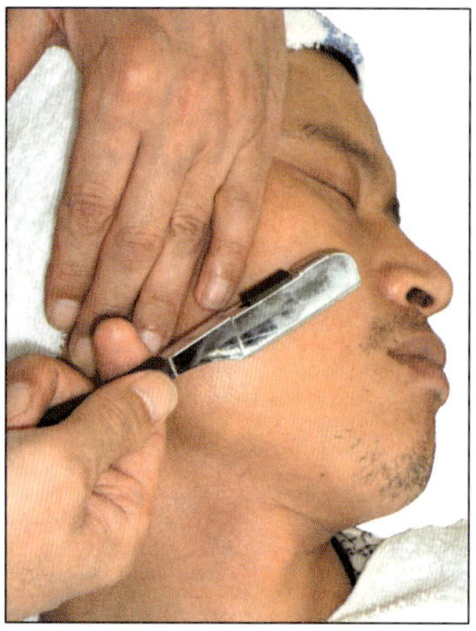

⑰

⑰ 손가락 끝부분으로 피부를 시술자 방향으로 당긴다. 레이저는 스틱핸드로 쥐고 하악골 방향으로 밀어서 진행한다.

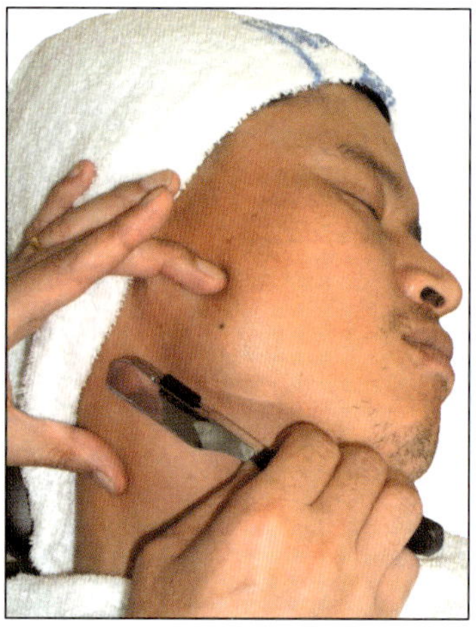

⑱

⑱ 엄지와 중지를 역방향으로 당긴다. 레이저는 목부분 아래방향으로 진행한다.

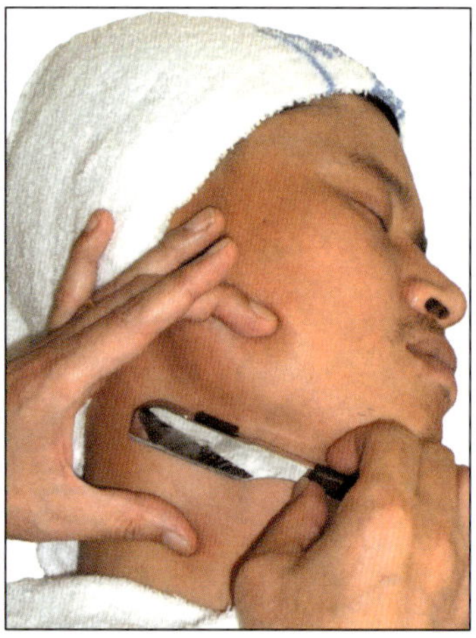

⑲

⑲ ⑱번과 같은 방법으로 시술한다.

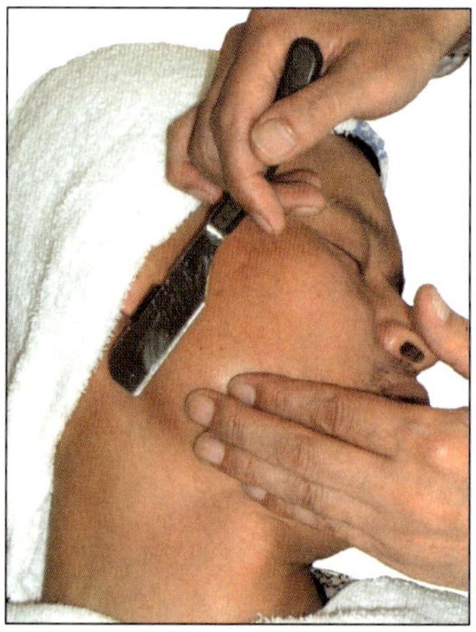

⑳

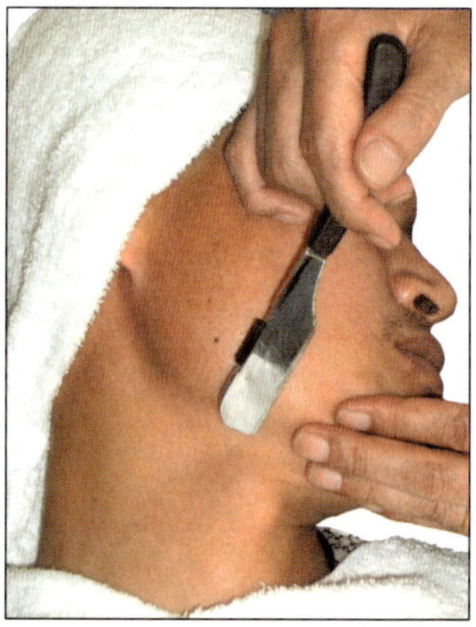

㉑

⑳~㉑ 손가락 끝부분으로 피부를 하악골 방향으로 당긴다. 레이저는 펜슬핸드로 쥐고 같은 방향으로 진행한다.

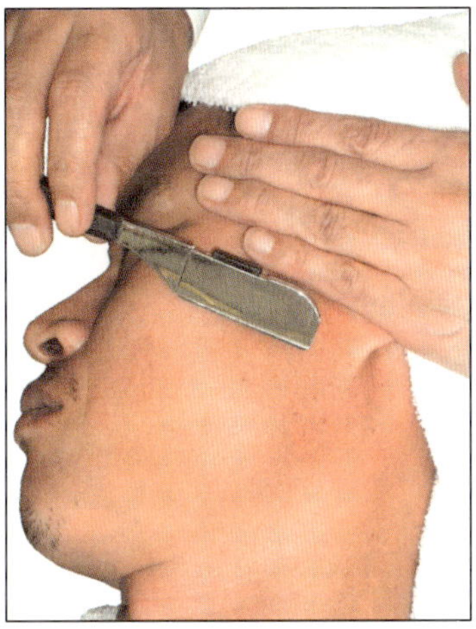

㉒

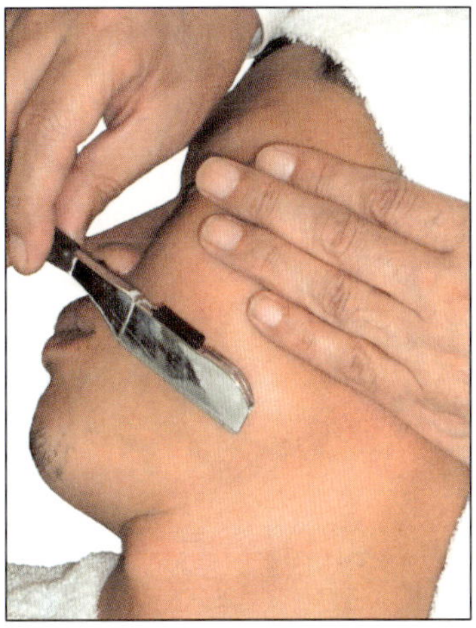

㉓

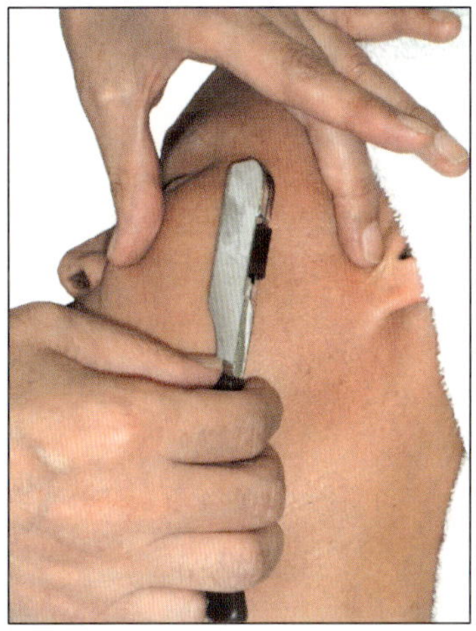

㉔

㉒~㉓ 좌측관골 시술은 손가락 끝부분으로 위로 향해 당긴다. 레이저는 푸쉬핸드로 쥐고 하악골 방향으로 밀면서 진행한다.

㉔ 중지를 귀쪽에 밀착시키고 엄지를 코 방향으로 당긴다. 레이저는 프리핸드로 쥐고 코 방향으로 진행한다.

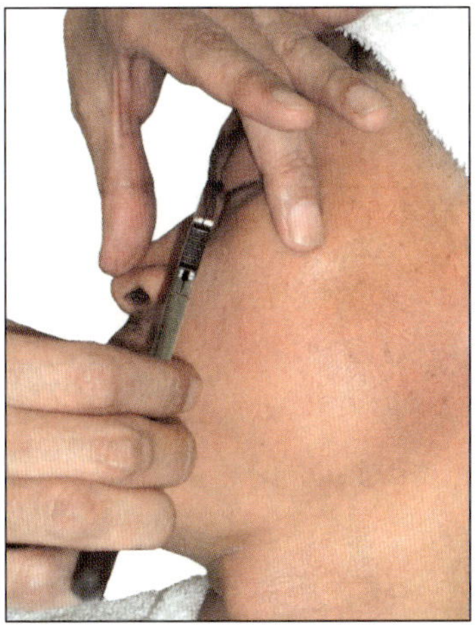

㉕

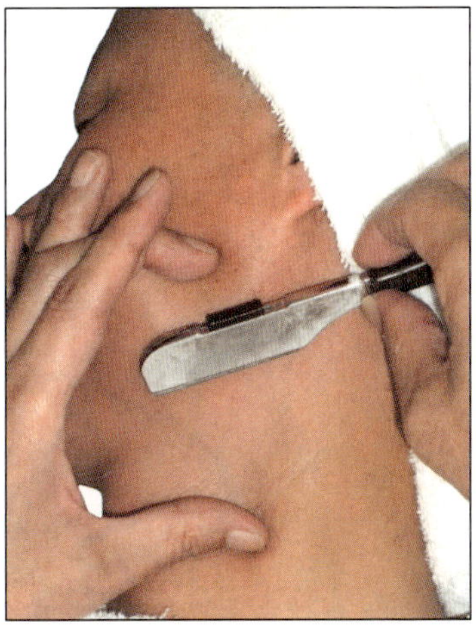

㉖

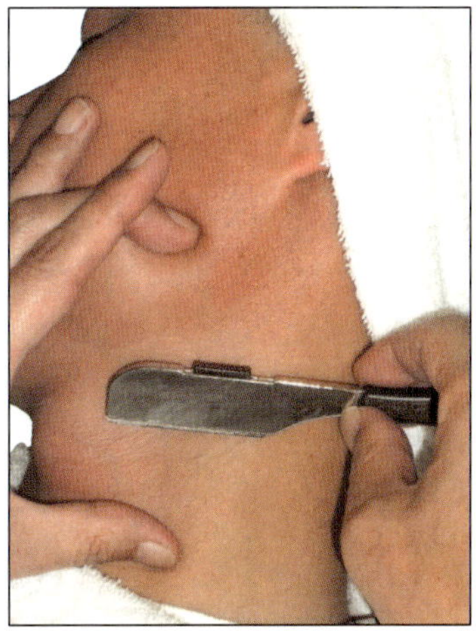

㉗

㉕ ㉔번 방법으로 시술한다.

㉖~㉗ 중지와 엄지를 역방향으로 당긴다. 레이저는 프리핸드로 쥐고 목부분 아래 방향으로 진행한다.

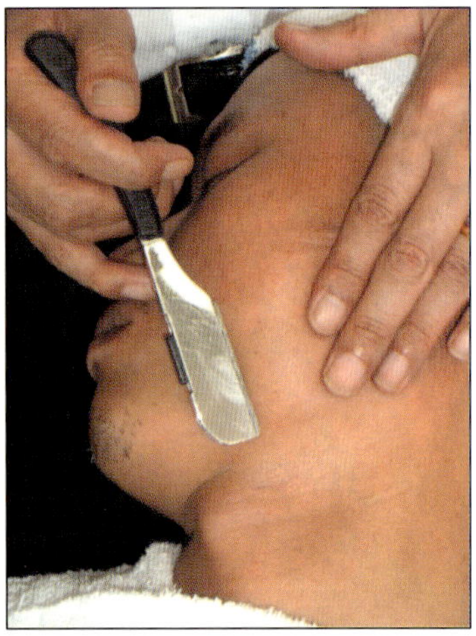

㉘

㉘ 손끝으로 귀를 향해 당긴다. 레이저는 펜슬핸드로 쥐고 손을 따라 진행한다.

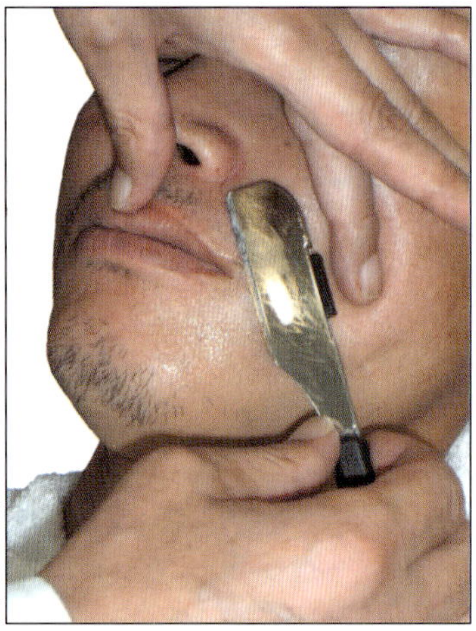

㉙

㉙ 중지와 엄지를 역방향으로 당긴다. 레이저는 프리핸드로 쥐고 대각선으로 진행한다.

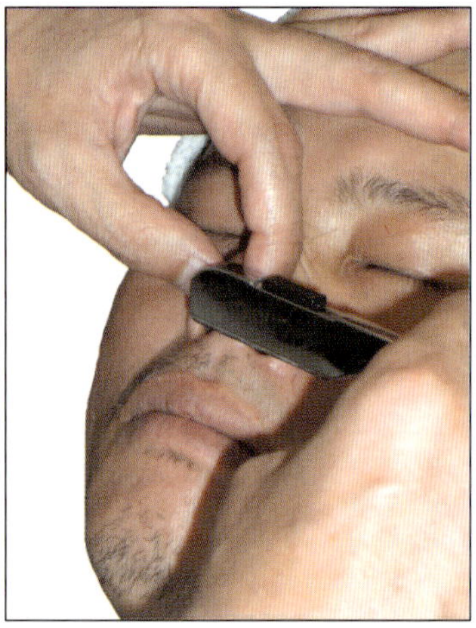

㉚

㉚ 검지와 엄지로 코를 들어 올리듯이 쥔다. 레이저는 코에서 입술부분으로 진행한다.

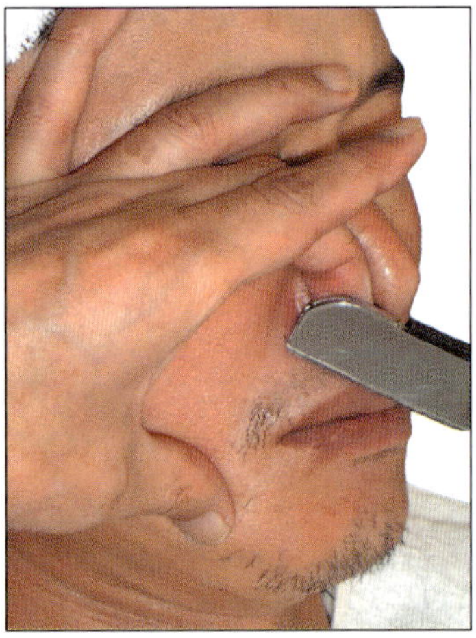

㉛

㉛ 중지를 코에 밀착시키고 엄지를 밑으로 당긴다. 레이저는 대각선으로 진행한다.

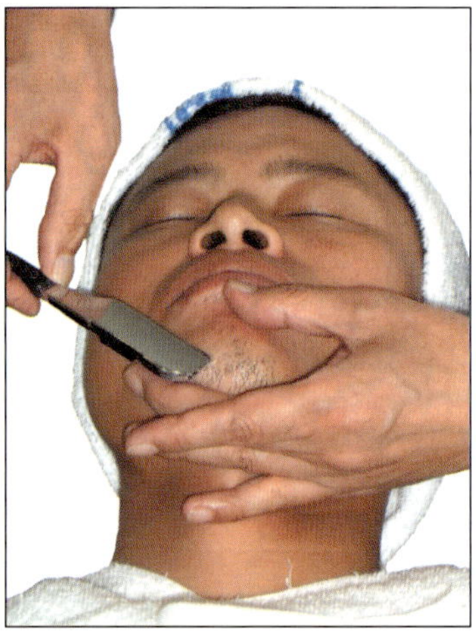

㉜

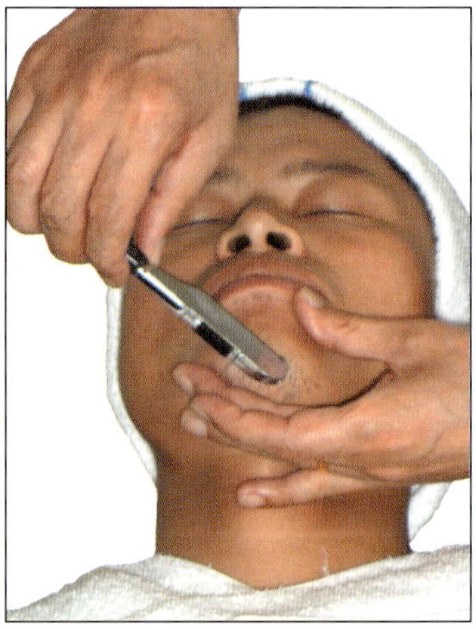

㉝

㉜~㉝ 중지를 턱밑에 밀착시키고 엄지를 입술쪽으로 당긴다. 레이저는 대각선으로 진행한다.

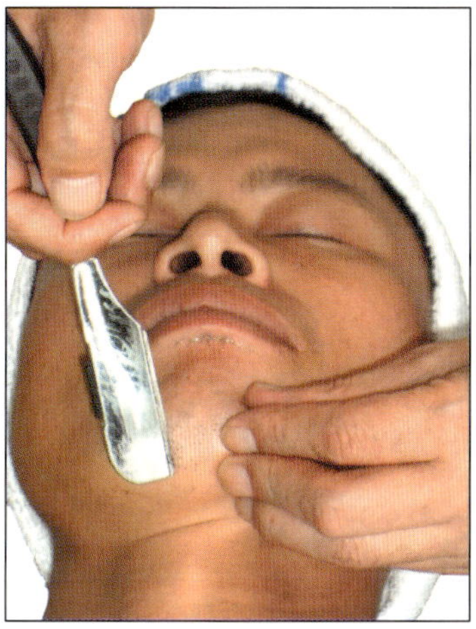

㉞

㉞ 하악골 부분은 손끝을 좌측으로 당긴다. 레이저는 펜슬핸드로 쥐고 손을 따라 진행한다.

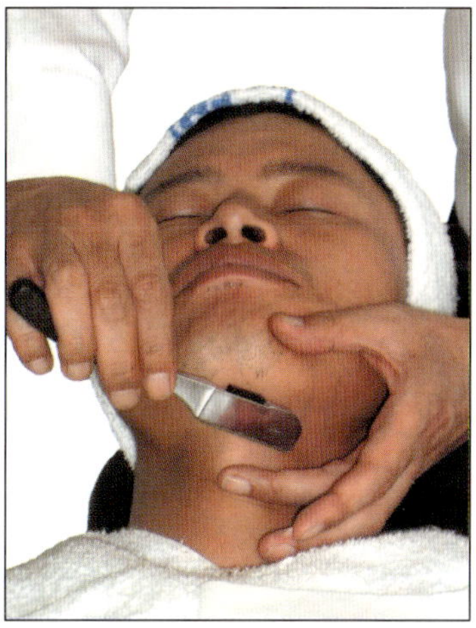

㉟

㉟ 중지와 엄지를 역방향으로 당긴다. 레이저는 푸쉬핸드로 쥐고 목밑 부분으로 밀어서 진행한다.

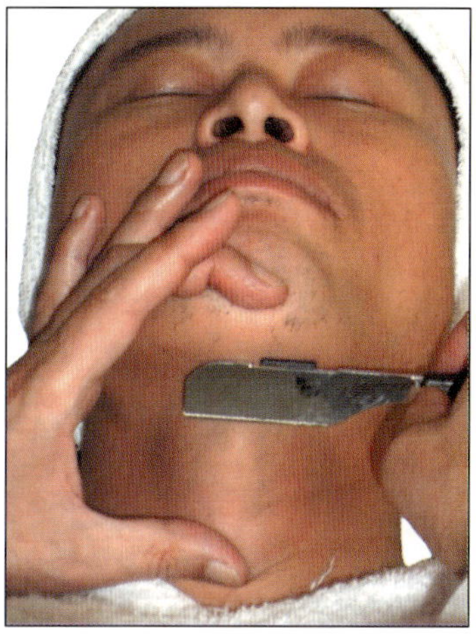

㊱

㊱ 중지와 엄지를 역방향으로 당긴다. 레이저는 프리핸드로 쥐고 목밑 부분으로 진행한다.

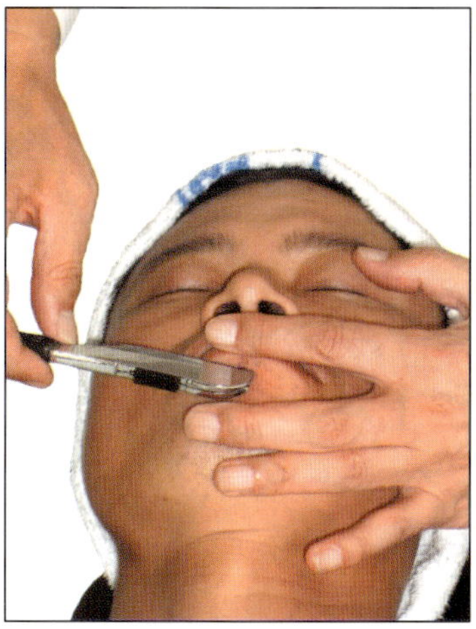

㊲

㊲ 입술부분은 중지와 검지를 역방향으로 당긴다. 레이저는 프리핸드로 쥐고 가볍게 진행한다.

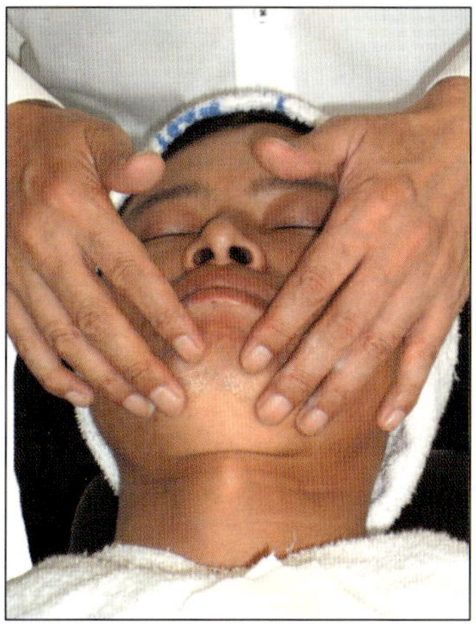

㊳

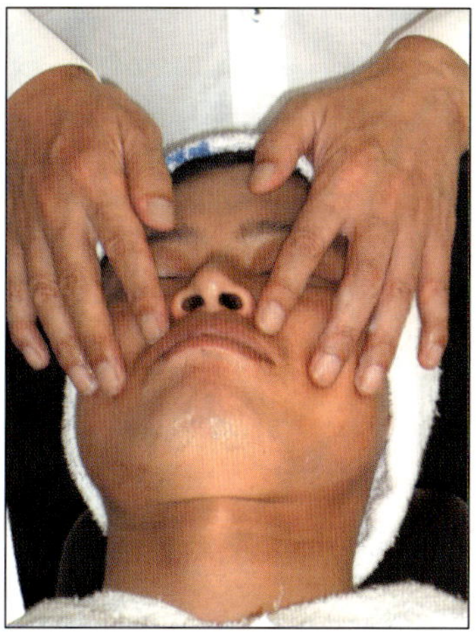

㊴

㊳~㊴ 면도가 끝나고 나면 콜드크림으로 마사지를 한다.

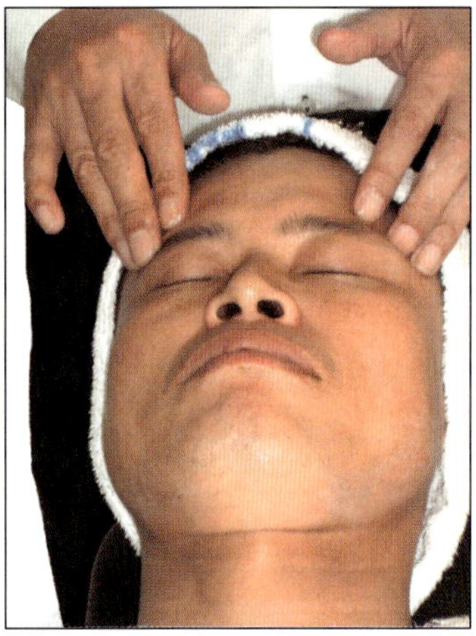

㊵

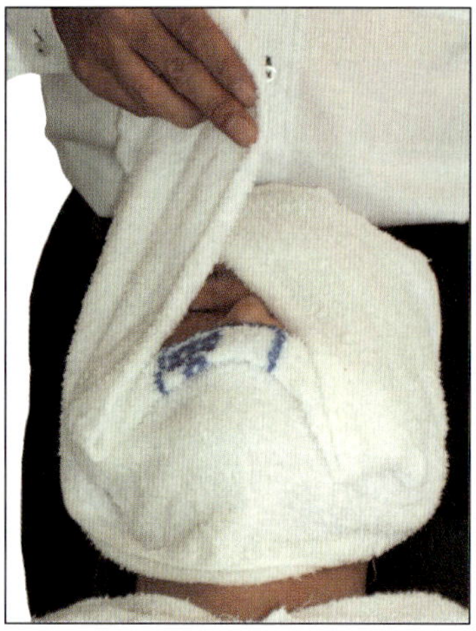

㊶

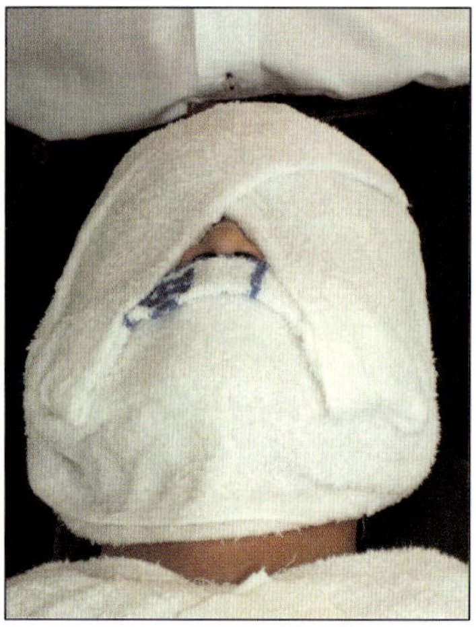

㊷

㊵ ㊴와 동일하게 시술한다.

㊶~㊷ 마사지가 끝나고 나면 스팀타올로 닦아낸다.

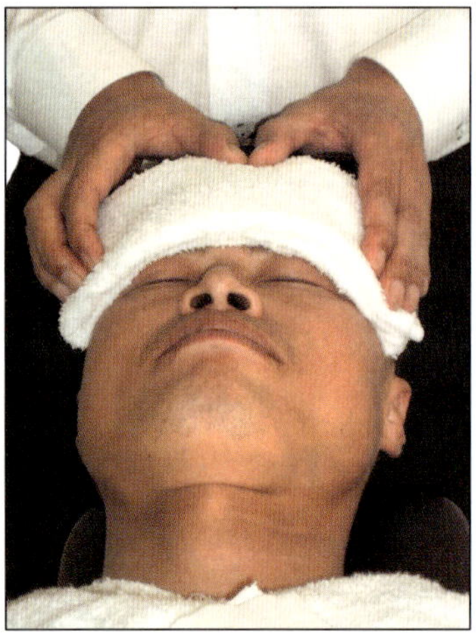

㊸

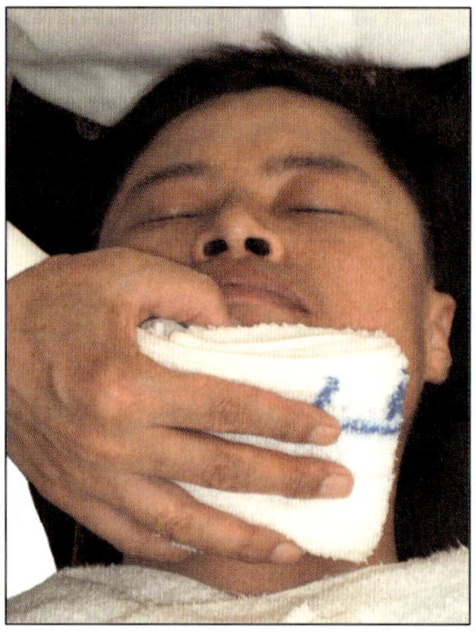

㊹

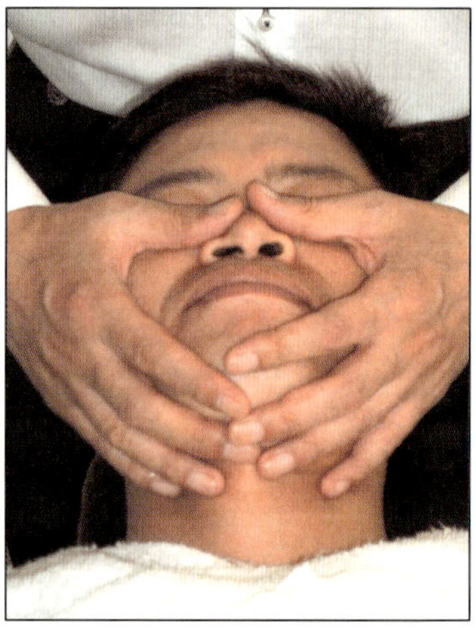

㊺

㊸ 이마부분에는 타올을 접어 놓은 다음 손가락으로 지압을 한다.

㊹ 이마를 닦고 난 다음 목부분을 닦아낸다.

㊺ 콜드크림을 닦아 낸 다음 스킨로션을 바른다.

제3장 염발(Hair Coloring)

Ⅰ. 헤어 컬러링

1. 염색의 목적

모발의 염색은 고대 이집트와 그리스 시대부터 시작되었다는 기록이 있다. 옛날에는 풀의 뿌리나 꽃잎, 나무 껍질 등의 자연물이나 불완전한 광물성 등이 이용되었다.

예전에는 단지 백모를 감추기 위해서 사용되었으나 오늘날에는 과학의 발달로 인하여 많은 종류의 색을 만들어 개인 자신의 개성을 표현하게 되었다.

염색은 넓은 의미에서 헤어 브리치(Hair Bleach)와 헤어 틴트(Hair Tint)로 크게 나눌 수 있다.

헤어 브리치(Hair Bleach)는 단순히 모발의 색을 탈색해서 밝게 하거나 또는 다른 색으로 염색하기 위해 미리 탈색하는 기술을 말한다.

헤어 틴트(Hair Tint)는 염색을 의미하며 모발을 여러 가지의 색상으로 변화시켜 아름다움을 나타내는 것이다.

이렇듯 염색은 모발의 색을 변화시켜 유행, 피부의 색, 복장과의 조화를 나타내게 하는 것이다.

2. 염색의 종류

염색 기술에 사용되는 염색제에는 일시적 염모제(착색제), 반영구적 염모제, 영구적 염모제로 크게 나눌 수 있다.

1) 일시적 염모제(Temporary Hair Coloring)의 종류와 특징

일시적 염모제는 모발의 표면에만 색소가 입혀지는 것으로 색상이 오래 지속되지 않으며, 1~2회의 샴푸로 쉽게 지워진다. 그러나 모발 손상이 없고 짧은 시간에 간편하게 색상을 나타낼 수 있는 염모제이다. 본래의 모발색을 강조하거나 부분 백발, 새치머리를 감추는데 사용된다.

① 컬러 스프레이(Color Spray)

착색료를 에어로졸식(aerosol type)으로 한 것이며, 스프레이(Spray)식으로 모에 분무해서 사용한다. 끈적거리지 않으며 모발 전체를 간단하게 착색할 수 있지만 옷이나 다른 부위에 착색되지 않도록 조심해야 할 것이다.

② 컬러 크레용(Color Crayon)

염료를 왁스(Wax)와 유지에 섞어서 막대기 모양으로 만든 것으로 모발에 발라서 착색시킨다. 부분적으로 물들이는데 편리하다.

③ 컬러 크림(Color Cream)

컬러 크레용과 같은 성분을 포함한 크림상의 착색료로 브러시 등으로 도포해서 사용한다.

④ 컬러 파우더(Color Powder)

분말상의 착색료(안료 및 금속가루)로 모발에 뿌려서 사용한다. 그 외 컬러 무스, 컬러 젤 등이 있다.

2) 반영구적 염모제(Semi-Permanent Hair Coloring)의 종류와 특징

반영구적 염모제는 과산화수소의 도움 없이 유기합성 염모제만으로도 염색할 수 있으며 4~6주간 지속된다. 대표적인 것으로는 컬러 린스(Color Rincse)와 컬러 샴푸(Color Shampoo) 등이 있다.

① 컬러 린스(Color Rinse)

영구적 염색에서 유기합성 염모제로 이용되는 아미노페놀(Aminopnenol)이나 파라페닐렌 디아민(Paraphenylen Diamine)이 사용되는데 적은 양이 함유되었기에 영구적 염색만큼 지속되지는 않는다.

극히 저농도의 산성염료 또는 염기성 염료를 포함해서 액상 또는 파우더상의 것이 많으며, 파우더 상인 것을 사용할 때에는 물에 푼 후 모발에 뿌려서 염색한다.

액상은 크림상으로 되어 있어 브러쉬로 도포하는 타입의 것이 있지만 모두 발색 후에 플레인 린스를 행하는 것이 특징이다.

② 컬러 샴푸(Color Shampoo)

컬러 린스와 거의 같은 착색제를 함유한 샴푸제로서 샴푸를 하면서 염색이 되는 것이다. 파라페닐렌 디아민이 함유된 경우에는 패치 테스트(Patch Test)를 해야 한다. 시간이 경과함에 따라 염색이 이루어지므로 일명 프로그레시브 샴푸 틴트(Progressive Shampoo Tint)라고도 한다.

3) 영구적 염모제(Permanent Hair Coloring)의 종류와 특징

영구적인 염색은 염모제가 모발의 모피질까지 침투·작용함으로써 모발의 색상을 변화시킨다. 1제(염모제)와 2제(산화제)를 혼합하여 모발에 바른 후 일정시간을 방치해 둠으로써 모발 내부의 멜라닌 색소와 염모제가 혼합하여 색상이 변화되는 것이다. 그 색상이 모발을 커트하기 전까지 그대로 유지되는 것을 영구적인 염색이라고 한다.

영구적인 염모제에는 식물성 염모제, 광물성 염모제, 유기합성 염모제 등이 있는데 현재 가장 많이 사용되고 있는 것은 유기합성 염모제이다.

① 식물성 염모제

오래 전부터 사용되어진 염모제로 식물의 꽃, 열매, 뿌리, 껍질 등의 색소가 산성 수용액 속에서 케라틴(Keratin)에 물드는 성질을 이용한 것이다. 특히 헤너(Henna)의 잎과 카모밀레(Camomile)의 꽃을 원료로 한 염모제이다.

식물성 염모제는 독성과 자극성이 없어 안전하지만, 색이 한정되는 등 결점도 있다.

② 금속성 염색제

식물성 염색제와 같이 옛날부터 사용되어진 염모제이다. 가장 많이 사용되어진 것으로는 납의 화학물이며 그 밖에 철, 구리, 니켈, 코발트 등의 화합물이 사용되어진다.

이것은 케라틴 속에 존재하는 황과 금속이 반응해서 머리카락에 금속피막이 형성되어서 발색한다고 생각할 수 있다.

그러나 금속 중에는 독성이 강한 것이 있어 지금은 사용되지 않는다.

③ 합성 염모제

현재 가장 많이 사용되고 있는 것은 유기합성 염모제이다. 염모제는 1제(알카리제+색소+계면활성제+황산화제)와 2제(산화제: 과산화수소+물)로 구성되어 있으며 탈색과 발색이 동시에 이루어진다.

알카리제(암모니아 또는 모노에탄올아민)는 모발을 팽창시켜 1제(염료)와 2제(산화제)가 모발 안으로 침투하기 쉽도록 하며 산소의 발생을 촉진한다. 2제인 산화제는 자연색소 또는 인공색소를 탈색시키는 역할을 하고, 1제인 염료와 결합하여 발색함으로써 점차적으로 모발의 염색을 진행시킨다.

합성 염모제는 사람에 따라서 옷이 타므로 충분한 주의가 필요하다.

3. 염색시 주의사항

1) 염색 전 주의사항

① 피부반응 검사(Patch Test)를 한다.

염색받는 사람이 염모제에 대해 알레르기 반응을 일으키는지를 확인하기 위해 패치 테스트를 한다.

패치 테스트란 팔 안 부분이나 귀 뒷부분을 비눗물로 잘 씻은 다음 염모제에 콩알 크기만하게 바르고 24~48시간 동안 그대로 자연 건조시킨다.

검사결과 붉어지거나 부풀어 오르는 경우, 가렵거나 부스럼 등 기타 이상 반응이 일어나면 염색을 하지 않는 것이 좋다.

② 색상 선정 테스트(Colors Test : Strand Test)를 한다.

개인마다 모발의 색상의 정도, 모발의 상태(손상모와 건강모의 여부), 염모제를 바른 후 경과시간 및 기공성(다공성) 등이 다르기 때문에 동일 색상의 염모제에 대해 똑같은 색상으로 염색결과가 나오지 않는다.

그러므로 원하는 색상으로 염색하기 위해서는 색상 선정 테스트를 실시하여야 한다.

③ 기타 염색 전 주의사항

- 염모제는 화학물질이므로 시술 전에는 반드시 설명서를 참고하여야 한다.
- 두피에 질환이나 상처가 있으면 시술하지 않는다.
- 염색시술 할 때에는 시술자는 반드시 고무장갑을 끼어야 한다.
- 탈색이나 염색 등이 지나쳐 모발이 심하게 손상되었거나 퍼머넨트 웨이브를 한 지 얼마 되지 않은 모발에는 반드시 색상 전정 테스트를 해야 한다.

2) 염색 시 주의 사항

① 염모제나 산화제는 혼합한 즉시 사용하여야 한다.

② 금속 빗이나 금속성 용기의 사용은 금한다.

③ 두피나 피부에 염모제가 묻었을 경우 소량의 비눗물로 즉시 닦아낸다.
④ 기록 카드를 작성해 고객마다 필요한 사항을 기록하여 다음 번 염색 시에 참고한다.

3) 염색 후 주의사항

① 염모제로 인하여 이상이 생겼을 때에는 전문의의 진찰을 받도록 한다.
② 염색 후의 모발상태는 보습력이 떨어져 매우 건조해지므로 정발료를 발라 주고 일정기간 후에는 트리트먼트를 하도록 한다.
③ 염모제는 냉·암소에 보관하여 화학변화가 일어나지 않도록 한다.

4. 자연적 모발색

모발의 색은 모발에 함유된 멜라닌 색소에 의해 결정되지만 인종적 차이와 유전적 요인, 환경적 요인의 영향을 받는다.

멜라닌 색소는 모근부에 있는 멜라노사이트(Melanocyte)에서 만들어져 모발 안으로 스며들어 색을 띄게 되는데 검은 모발에는 흑갈색의 유멜라닌(Eumelanin) 색소가 다량 포함되어 있고 금발과 같이 밝은 모발에는 황갈색의 페오멜라닌(Pheomelanin)이 함유되어 있다.

1) 유멜라닌(Eumelanin)

주로 갈색이나 검은색을 나타내는 색소이며, 입자가 크다. 흑인과 동양인들의 피부나 모발색을 결정한다.

2) 페오멜라닌(Pheomelanin)

주로 노란색이나 빨간색을 나타내는 색소이며 입자가 작다. 서양인들의 피부나 모발색을 결정한다.

Ⅱ. 탈색(Hair Bleach)

1. 탈색의 목적

탈색은 너무 검거나 탁한 색상의 모발을 밝고 연하게 하고, 피부색, 화장, 의상 등 토탈 패션에 어울릴 수 있도록 전체적인 조화를 꾀하며 선명한 색상의 염색을 위한 전 단계로서 부분 탈색을 통해 모발에 묘미를 내기 위함이다.

2. 탈색의 원리

모발탈색은 모발의 멜라닌 색소가 특정·화학성분에 의해 분해되는 성질을 이용하여 모발의 색상을 밝게 하는 것이다.

탈색 시 1제(알카리제)는 모발을 팽창시키고 2제(과산화수소)는 산소를 발생시킬 수 있도록 촉매작용을 한다. 과산화수소가 분해되면서 발생된 산소는 모발의 모피질층의 멜라닌 색소를 산화시켜 밝게 함으로써 탈색이 이루어진다.

3. 탈색제의 종류

1) 액상 탈색제

탈색 작용이 빠르며 탈색이 진행되는 과정을 확인하면서 적당한 시기에 멈출 수 있고 탈색된 정도를 쉽게 알 수 있으나 지나치게 탈색될 우려가 있다.

2) 크림상 탈색제

대부분 풀과 같은 상태이기 때문에 호상 탈색제라고도 한다. 탈색제 도포시 양의 조절이 쉬우며 단번에 바를 수 있고 시술 도중에 과산화수소가 건조된 염려가 없으나 탈색 진행정도를 파악하기 힘들다.

3) 분말상 탈색제

탈색작용이 가장 강력하여 탈색의 정도를 가장 밝게 할 수 있으며 방치시간은 짧으나 잘못 도포시 얼룩이 생길 수 있고 두피를 자극하고 모발을 건성화 시킬 우려가 있다.

4. 탈색 시 주의사항

1) 탈색제를 사용하기 패치 테스트를 한다.
2) 시술 전에 두피에 상처나 질환이 있으면 탈색을 하지 말아야 한다.
3) 얼룩지는 것을 막기 위해 섹션 폭을 세분하여 나누며 빠른 시간 내에 시술한다.
4) 원하는 색이 나왔나 자주 확인해야 한다.
5) 탈색된 모발은 손상되기 쉬우므로 부드러운 샴푸제를 사용해야 한다.
6) 쓰고 남은 탈색제는 변질되기 쉬우므로 즉시 버린다.

제4장 세발술(Shampooing)

Ⅰ. 헤어 샴푸(Hair Shampoo)

1. 헤어 샴푸잉의 목적

두피와 모발은 먼지, 비듬, 특히 근래에 와서는 대기 중에 화학성분이 많이 함유되어 있어 이것을 그대로 방치하였을 경우, 생리기능이 저하되는 것은 물론 각종 질병이나 탈모의 원인이 된다.

샴푸잉은 2~3일에 한번씩 하는 것으로 알고 있으나 대기가 오염될수록 그 횟수는 많아져야 하며 특히 아침에 하는 것보다는 저녁에 샴푸잉을 하는 것이 좋다.

샴푸잉을 할 때는 두피와 모발의 성질에 따라서 샴푸제를 선택 사용하여야 할 것이다.

샴푸잉의 목적은 두피와 모발의 청결함을 유지시켜 질병을 예방하며 이용기술을 시술하기 위한 기초과정이다.

2. 헤어 샴푸의 종류와 특징

헤어 샴푸는 Wet 샴푸와 Dry 샴푸 등 크게 두가지로 나눈다.

Wet 샴푸는 일반인을 대상으로 시술하며 Dry 샴푸는 Wet 샴푸를 하지 못하는 경우에 시술한다.

1) Wet 샴푸

Wet 샴푸에는 합성세제나 비눗물을 사용하여 시술하는 플레인 샴푸가 있으며, 모발이나 두피에 영양보급이나 지방을 공급할 때, 식물성 오일(올리브유, 아몬드유) 등을 사용하여 플레인 샴푸 전 시술하는 핫오일 샴푸가 있다.

또한 모발이 지나치게 건조 또는 표백되거나 염색에 실패하였을 경우 계란 노란자를 사용하여 시술하는 에그 샴푸가 있는데 모발이 지나치게 지성인 경우에는 계란 흰자거품을 사용한다.

2) Dry 샴푸

Dry 샴푸는 물을 사용하지 않으며 탄산마그네슘, 붕산 등 분말을 투여하여 20~30분 경과 후 브러싱을 하여 분말을 제거하는 더스팅 파우더 드라이 샴푸(Dusting Powder Dry Shampoo)가 있으며 계란 흰자를 모발에 발라 건조시켜 브러싱을 하여 세정시키는 에그 화이트 드라이 샴푸(Egg White Dry Shampoo)가 있으나 현재 가축의 세정에 시술된다.

또한 벤젠이나 알콜을 사용하여 세정시키는 리퀴드 드라이 샴푸(Liquid Dry Shampoo)가 있으나 지금은 주로 가발(Wig) 세정에 시술된다.

Ⅱ. 헤어 린스(Hair Rinse)

1. 린스의 목적

헤어 린스는 모발에 영양을 주며 샴푸제의 알카리 성분을 중화시켜 모발의 pH를 원상대로 회복시킨다. 또한 모발에 적절한 수분을 유지시켜 모발을 보호하고 모발을 윤기있고 부드럽게 하여 정전기 발생을 방지하며, 샴푸 후 모발을 엉키지 않게 하여 빗질을 용이하게 한다.

2. 린스의 종류

1) 플레인 린스

린스제를 사용하지 않고 미지근한 물로 헹구어 내는 일반적인 방법을 말한다.

2) 산성 린스

비누성분의 샴푸제로 샴푸한 후 비누 잔여물이나 모발의 pH를 원상대로 하기 위하여 구연산이나 식초, 레몬즙을 사용하여 린스 하는 것을 말한다.

3) 유성 린스

건성모발이나 탈지력이 강한 합성세제 성분의 샴푸제로 샴푸한 후 올리브유나 라놀린 등을 사용하여 린스 하는 것을 말한다.

4) 합성 린스

현재 대부분의 린스제로 계면활성제가 함유되어 있어 모발 표면에 얇은 보호막을 형성시켜 모발을 부드럽고 윤기있게 한다. 또한 정전기 발생을 방지해주며 빗질을 용이하게 한다.

Ⅲ. 시험에 대비한 세발술

샴푸잉(Shampooing)의 물은 연수이면서 온도 38℃ 전후가 가장 적당하다.

시술자는 우측에 서서 물이 튀지 않게 하며 특히 귀에 물이 들어가지 않도록 주의하여야 한다.

[그림 2-52] 세발술의 실제

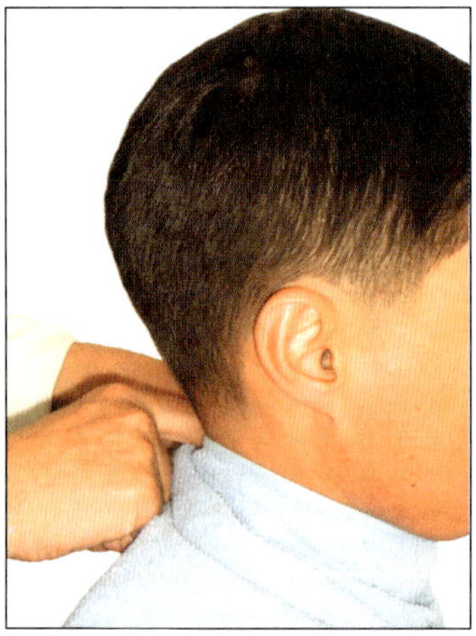

①

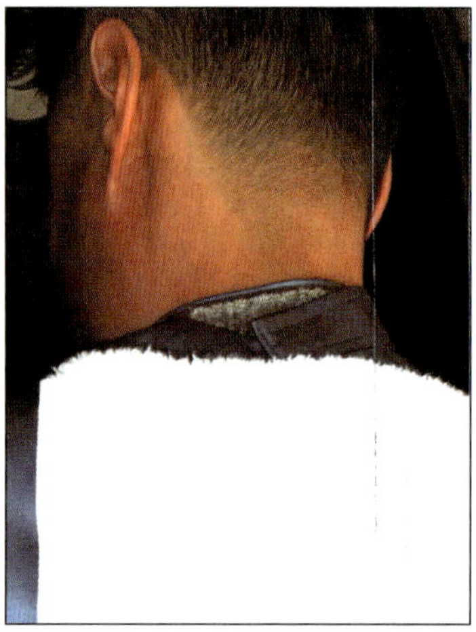

②

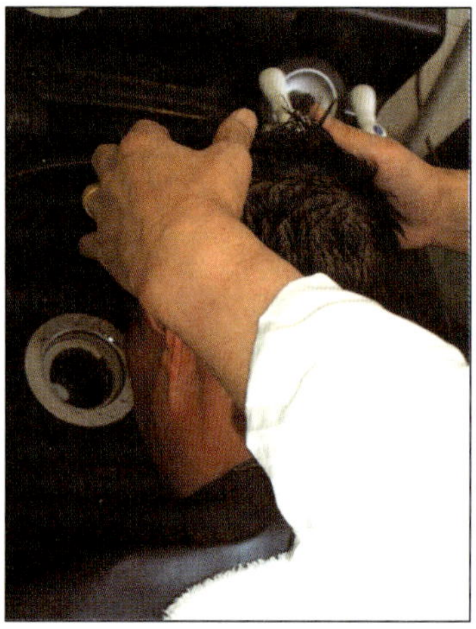

③

① 세발을 하기 전에 목수건을 두른다.

② 세발보를 두르고 그 위에 수건을 얹는다.

③ 머리카락을 털어낸다.

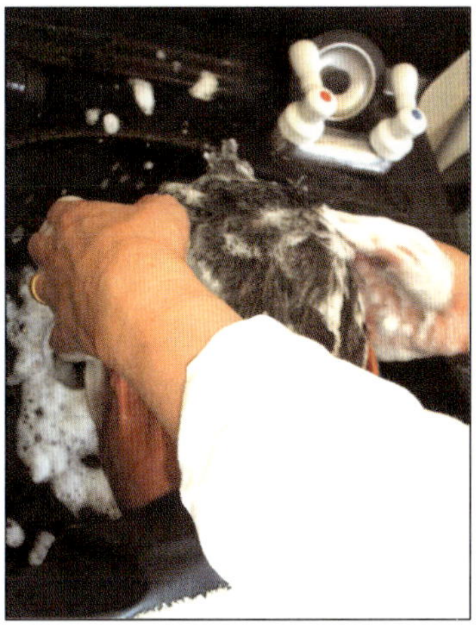

④

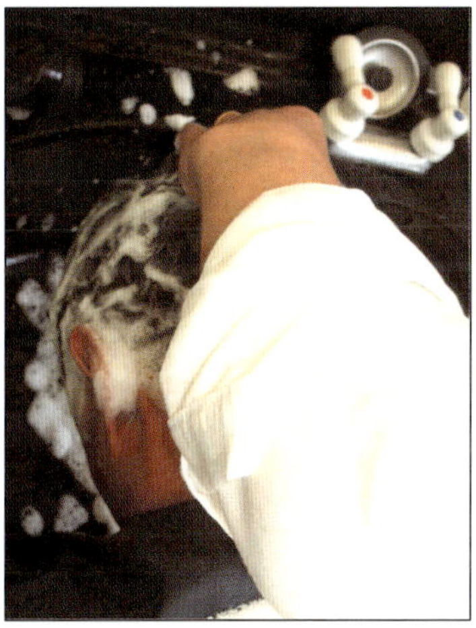

⑤

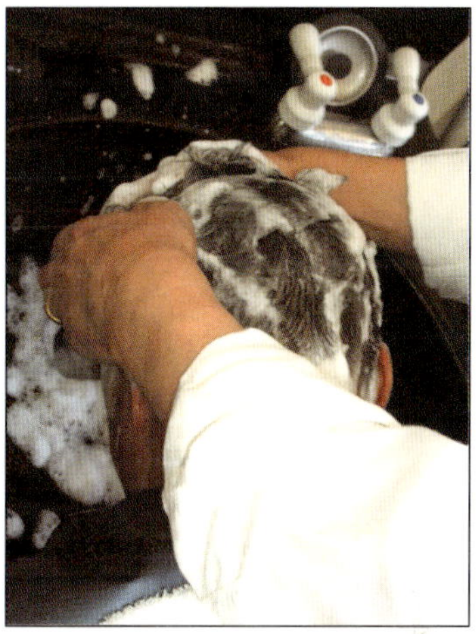

⑥

④~⑤ 샴푸제를 사용하여 양 사이드에서 크라운과 탑 부분을 샴푸잉 한다. 샴푸잉할 때는 손톱과 손가락 끝부분 중간으로 시술한다.

⑥ 좌측에서 우측으로 양손을 지그재그로 진행하여 햄라인 전체를 시술한다.

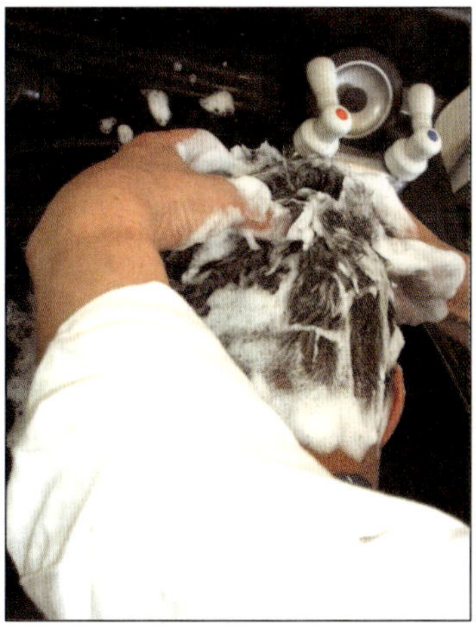

⑦

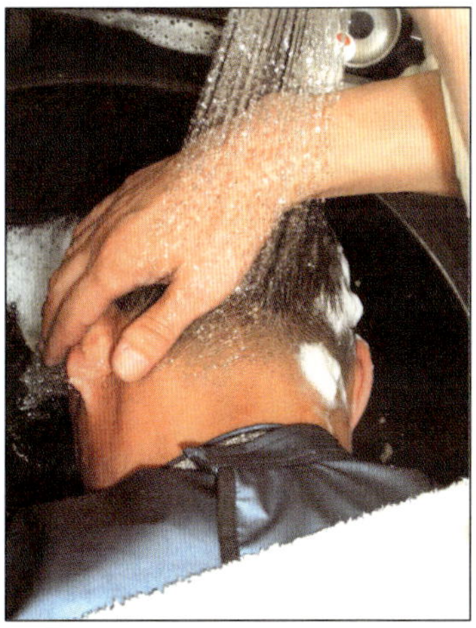

⑧

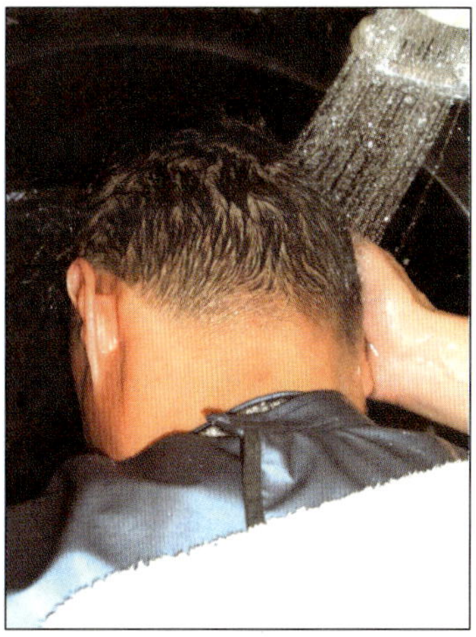

⑨

⑦ 다시 크라운과 탑 부분에서 양손을 붙였다 떨어지는 동작으로 하여 두상 전체를 한번 더 샴푸잉한다.

⑧~⑨ 물로 행구어 낼 때는 귀에 물이 들어가지 않도록 손으로 받쳐서 시술한다.

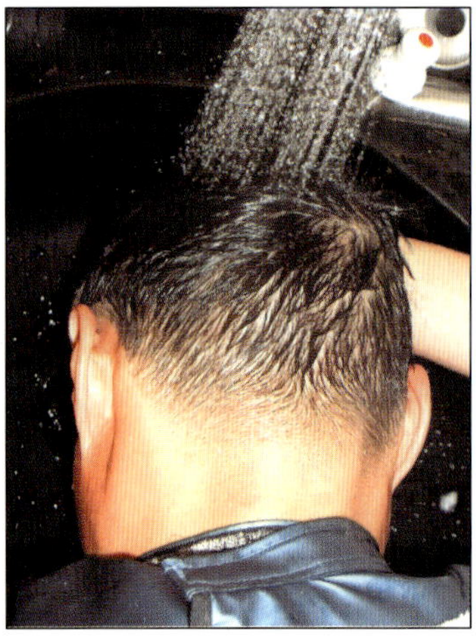

⑩

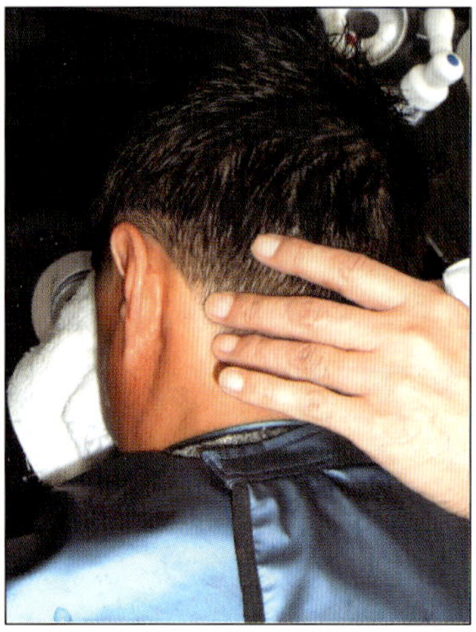

⑪

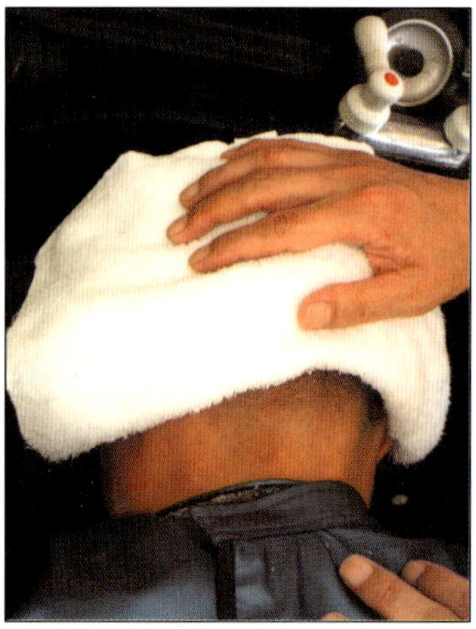

⑫

⑩ 목 뒤로 물이 흐르지 않도록 하여 충분히 헹군다.

⑪~⑫ 세발보 위에 얹었던 수건으로 눈과 귀를 닦은 다음 머리를 닦는다.

제5장 정발술(Blow Dry & Iron)

Ⅰ. 정발술의 정의와 목적

정발술이란 모발에 물리적 힘을 가하여 일시적으로 모발에 변화를 주어 헤어스타일을 만들어 내는 기술이다.

정발술에는 드라이어와 아이론을 사용하는 것을 총칭하는 것이며 정발술의 효과를 극대화하기 위해서는 정확한 헤어 컷팅이 이루어져야 한다.

정발술은 헤어디자인의 완성이라는 점에서 매우 중요하다 할 것이다.

Ⅱ. 블로우 드라이(Blow Dry)

1. 블로우 드라이

블로우 드라이 스타일링(Blow Dry Styling)은 모발에 열을 가하여 헤어 스타일을 변화시켜 이미지 개선과 개성미를 창조하는 것이다. 또한 모발을 건조시키는 역할도 하여 적당한 수분을 유지시킨다.

2. 블로우 드라이의 기초기술

1) 블로우 드라이를 위한 전 단계

첫째, 샴푸잉이 끝나고 난 다음 블로우 드라이를 하기 위하여는 핸드 드라이를 사용하거나 타올 드라이를 하여 모발에 적당한 수분을 유지시킨다.

둘째, 헤어 트리트먼트(Hair Treatment)를 하고 난 다음 적당한 수분을 유지시켜 헤어크림이나 포마드를 바른다.

바르는 방법은 크라운(두정부) 부분에서 탑(천정부)으로 프론트(전두부)까지 시술하고 난 다음 양측 사이드(측두부)와 네이프(후두부)를 섹션을 뜨듯이 하여 모발 밑부분을 손가락 끝으로 바른다. 그리고 앞에서 뒷부분까지 모발을 쓰담듯이 하여 전체적으로 시술한다.

셋째, 얼굴의 형에 따라 가르마를 가른다.

2) 블로우 드라이 시술 방법

블로우 드라이를 하기 위해서는 드라이 전용 빗과 여러 형태의 브러쉬를 사용하는데 드라이 전용 빗은 조발용 빗 보다는 빗살 사이가 넓은 것을 선택하여 사용한다.

블로우 드라이 시술 순서로는 ① 가르마 선, ② 좌측두부(좌측 사이드), ③ 두정부(크라운), ④ 후두부(백, 네이프), ⑤ 천정부(탑), ⑥ 우측두부(우측 사이드), ⑦ 전두부(프론트) 순으로 시술한다.

빗의 각도는 두피에서 70° 전후로 시작하여 반원을 그리면서 두상의 선을 따라 마무리한다.

볼륨을 크게 줄 때는 모발 밑부분에 열을 가하고 다시 바깥에서 열을 가하는 동시에 빗으로 원을 크게 그리면서 마무리한다.

Ⅲ. 아이론(Iron)

1. 정의와 목적

아이론은 1875년에 프랑스 마셀 그라또(Marcel Grateau)가 발명하였으며 전기 아이론은 1925년경에 발명되었다. 발명 초기에는 여성의 웨이브용으로 사용되었으나 20C 초 남성의 카이젤 수염을 다듬는 소형 아이론도 생산되었다.

아이론은 블로우 드라이 시술에서 나타낼 수 없는 헤어스타일이나 블로우 드라이로 완성된 헤어스타일을 오랜 시간 유지시키기 위해서 모발에 직접 열을 가하여 시술한다.

아이론은 모발에 직접 고온의 열을 가하여 시술되기 때문에 주의를 기울여 시술하여야 한다.

잘못 시술될 경우 모발이 손상될 뿐만 아니라 두피에도 손상될 수 있다.

2. 아이론 기초기술

1) 아이론의 온도

아이론의 온도는 110℃～130℃가 적당하며 저온일 때는 90℃가 적당하다. 온도의 테스팅(Testing)은 아이론으로 종이를 잡았을 때, 종이가 눌지 않을 정도일 때가 적정온도이다.

아이론은 고온이므로 손상모나 염색, 탈색한 모발에 시술할 때는 주의를 해야 할 것이다.

2) 아이론의 회전각도

아이론의 회전각도는 크게 세가지로 나뉘는데, 일반적인 경우에는 회전각이 45°이며 보통의 볼륨이나 웨이브를 형성할 때는 회전각이 90°이다.

또 탑이나 크라운 부분에 강한 볼륨을 원할 때는 회전각을 130°정도 이루어 시술한다.

Ⅳ. 시험에 대비한 정발술

시험에 대비한 정발술 시술방법을 사진을 통하여 설명하기로 한다.

[그림 2-53] 정발술의 실제

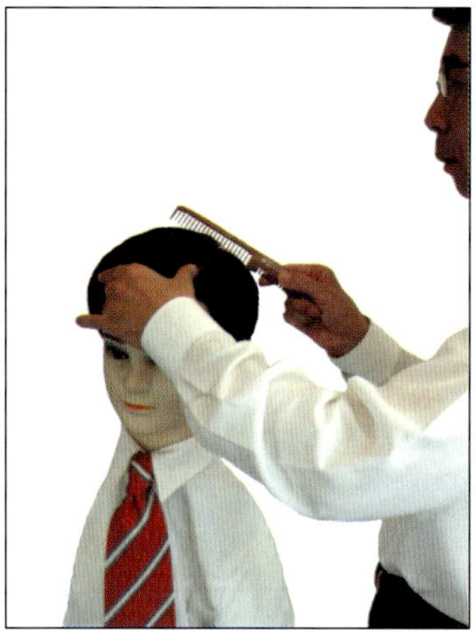

①

②

③

①~② 정발의 기본은 가르마를 정확하게 나타내야 한다. 시술자는 나타내고자 하는 가르마 선과 평행으로 선다. 빗은 가르마 선과 직각으로 빗을 내려 왼쪽 엄지로 가르마 선을 잡아낸다.

③ 왼손 엄지로 가르마 선을 잡고 빗으로 가르마 선을 나눈다.

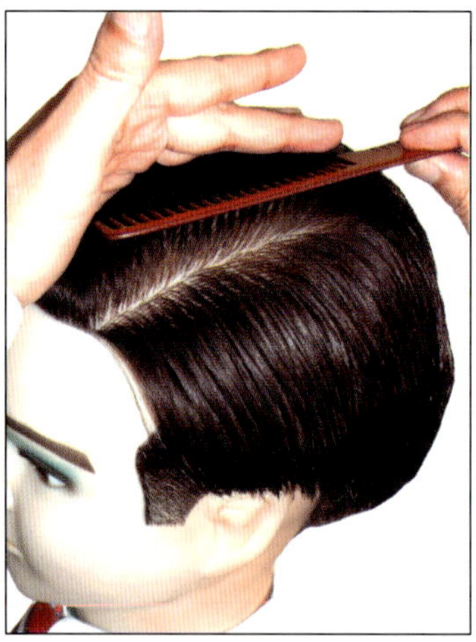

④

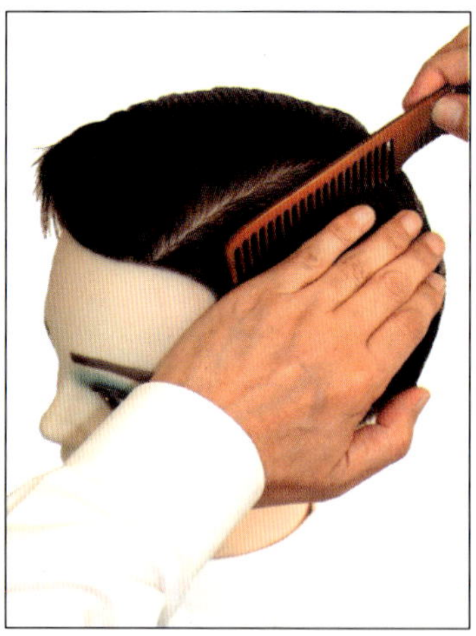

⑤

⑥

④ 빗으로 가르마 선으로 나눌 때, 왼손으로는 모발을 살며시 누른다.

⑤ 가르마 반대편으로 모발을 빗고 난 다음 앞쪽으로 빗어 가르마 선을 정확히 나타낸다.

⑥ 탑이나 크라운 부분의 모발은 프론트 쪽으로 쏠리는 성질이 있으므로 먼저 그 부분을 시술하여 선을 확정시킨다.

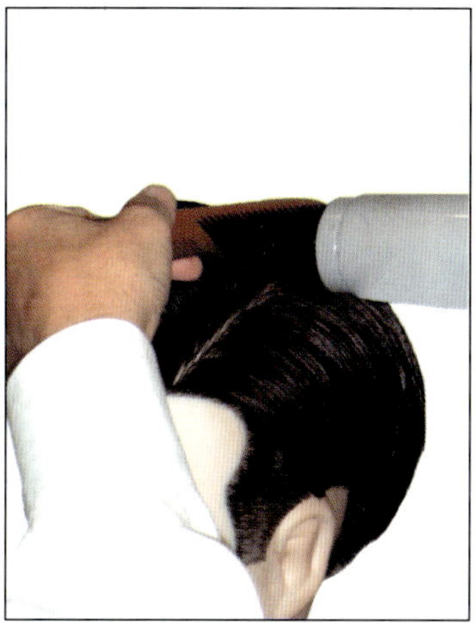

⑦

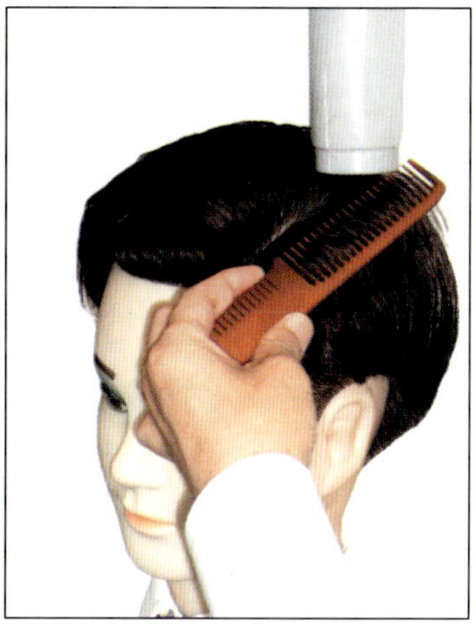

⑧

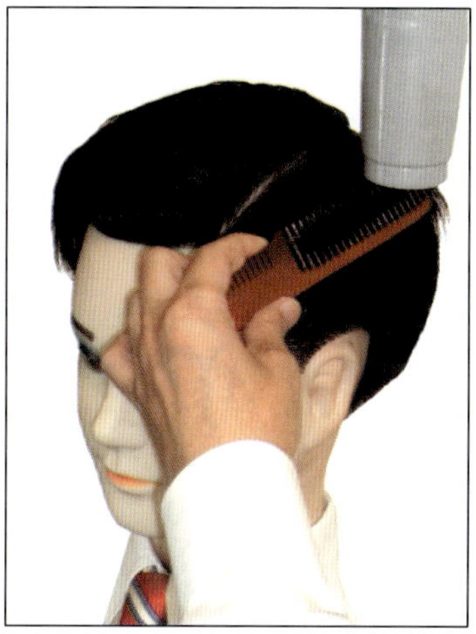

⑨

⑦ 빗의 각도가 두상의 선에서 90° 전후에 섹션을 떠서 시술자 앞으로 회전시켜 다시 반대편으로 빗몸이 두상의 선과 평행이 되도록 하며 빗을 회전시킬 때 열을 가한다.

⑧~⑨ 빗의 각도가 두상의 선에서 90°전후에 섹션을 떠서 위쪽으로 들면서 빗을 회전시켜 빗 몸이 두상의 선과 평행이 되도록 하며 빗을 회전시킬 때 열을 준다. 만약 볼륨을 만들 경우 열을 빗 밑으로 가했다가 다시 모발 위에서 열을 가한다.

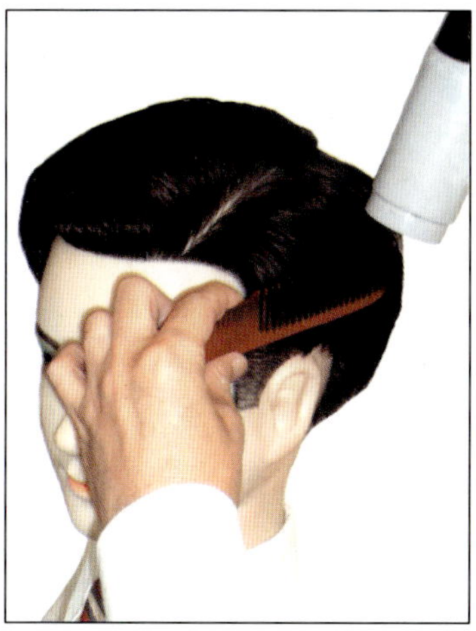

⑩

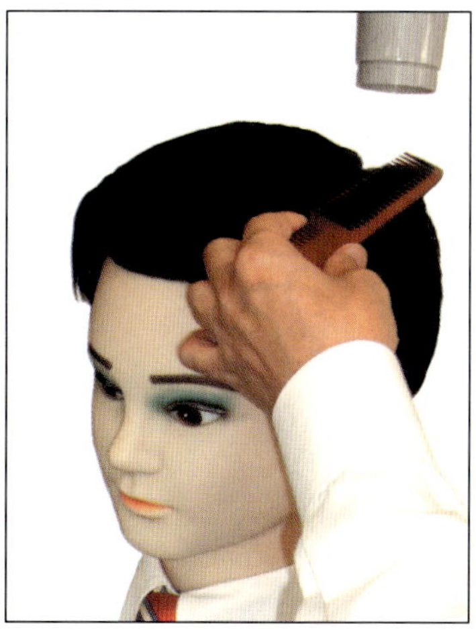

⑪

⑫

⑩ 빗의 각도가 두상의 선에서 90° 전후에 모발을 빗살에 걸어 빗몸을 두상의 선과 같이 하며 밑으로 이동한다. 열을 모발 위에서 가한다.

⑪~⑫ 뒤쪽으로 이동하여 ⑧, ⑨, ⑩과 같은 방법으로 시술한다.

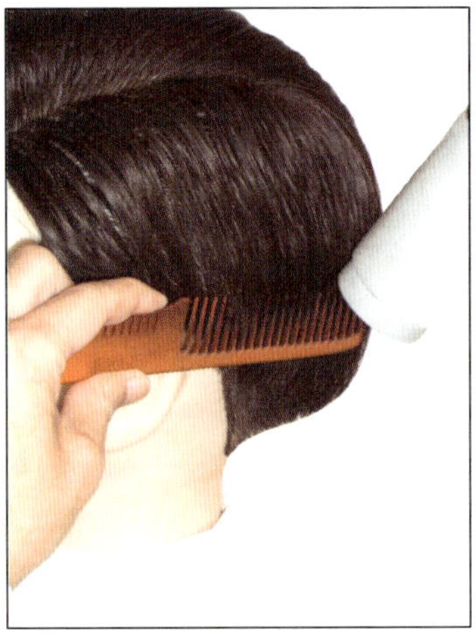

⑬

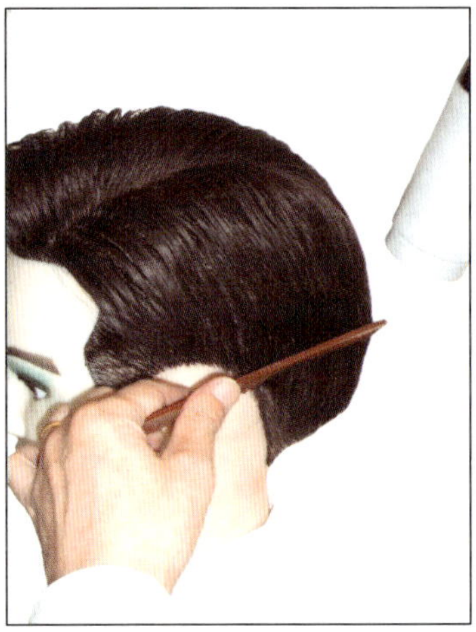

⑭

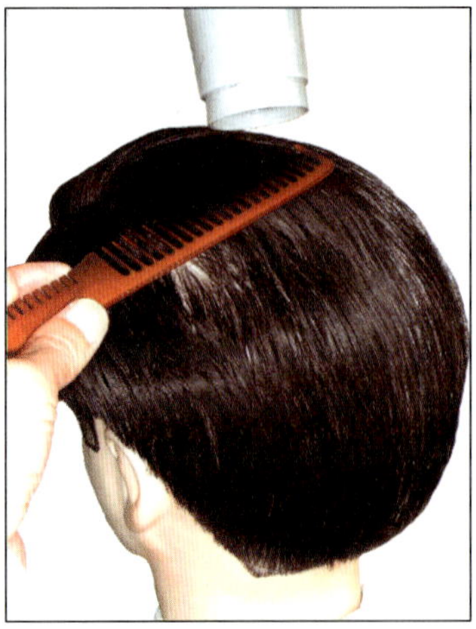

⑮

⑬~⑭ 좌측 사이드 끝부분의 정발은 ⑩번과 동일하게 시술한다.

⑮ 크라운 부분에 볼륨을 주고자 할 때는 빗을 두상의 선에서 45° 전후에 모발을 빗살에 걸어 회전시키면서 빗몸이 두상의 선과 같이 시술한다.

⑯

⑰

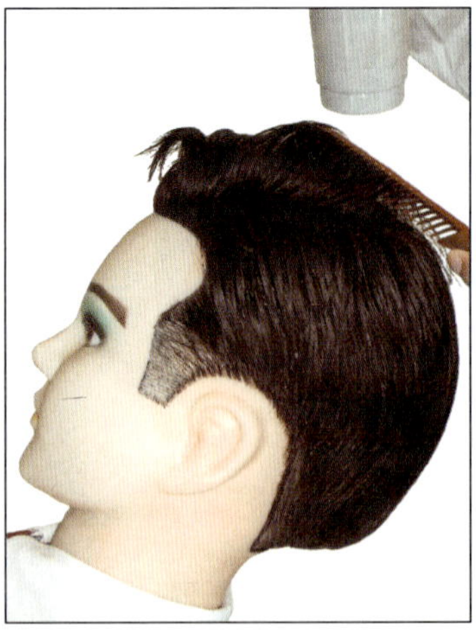

⑱

⑯ ⑮번과 동일함

⑰ 빗의 각도가 두상의 선에 30° 전후로 해서 빗어 내리면서 열을 가한다.

⑱ 크라운 부분에 시술이 끝나고 나면 탑부분을 시술한다. 시술방법은 ⑮번과 동일하나 볼륨을 얼굴의 형에 맞게 한다.

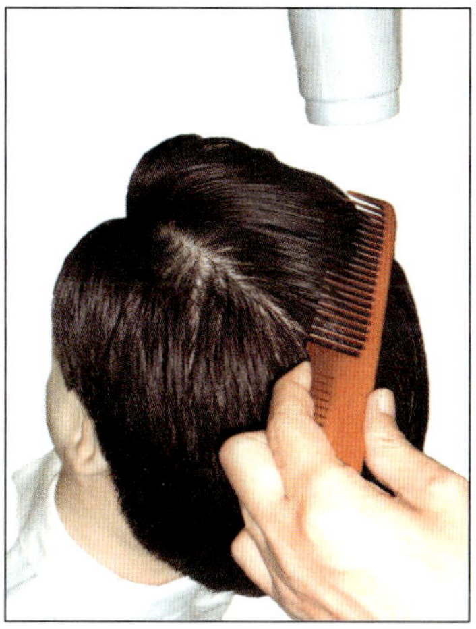

⑲

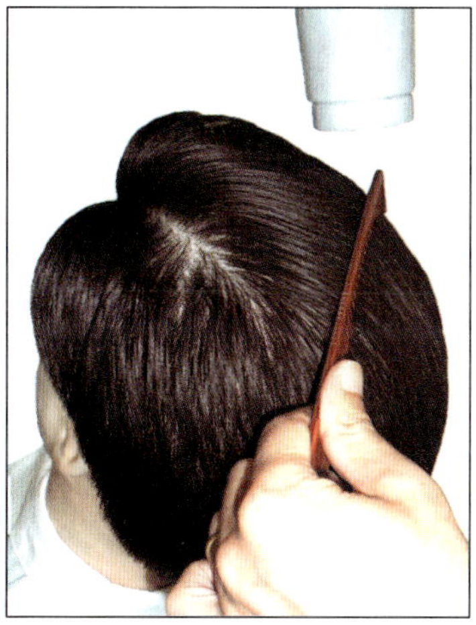

⑳

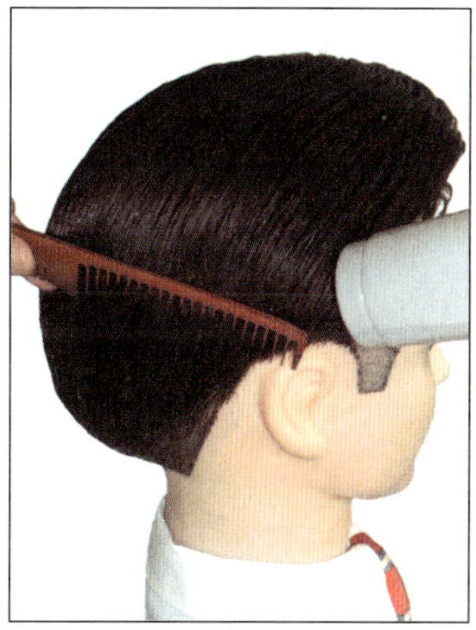

㉑

⑲ 탑부분은 대각선으로 빗이 진행한다. 빗의 각도 30° 전후로 모발을 약간씩 들면서 시술한다.

⑳ ⑰번과 동일한 방법으로 시술한다.

㉑ 탑부분의 시술이 끝나고 나면 우측사이드 부분을 시술하는데 좌측사이드 부분과 동일하게 시술한다.

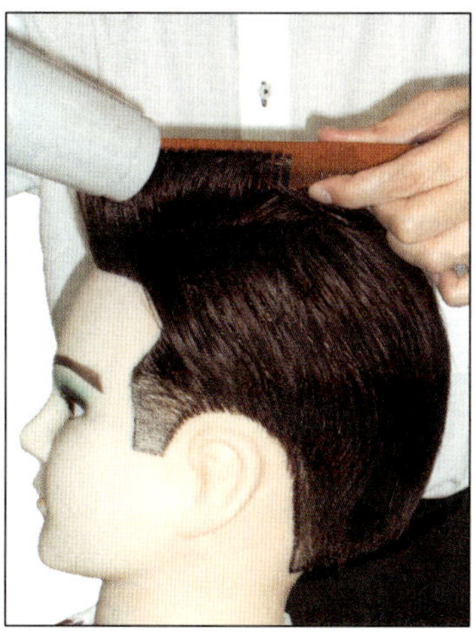

㉒

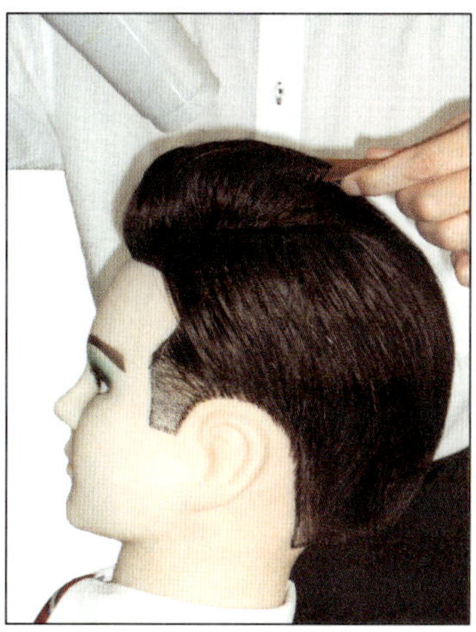

㉓

㉔

㉒~㉓ 우측 사이드 부분의 시술이 끝나고 나면 탑에서 프론트 부분으로 옮겨 시술한다. 빗의 각도는 두상에서 90° 전후로 빗살에 모발을 걸어 크게 회전하면서 빗몸이 두상의 선과 같이 시술한다.

㉔ 가르마 부분을 시술할 때는 빗을 크게 회전시키며 시술한다.

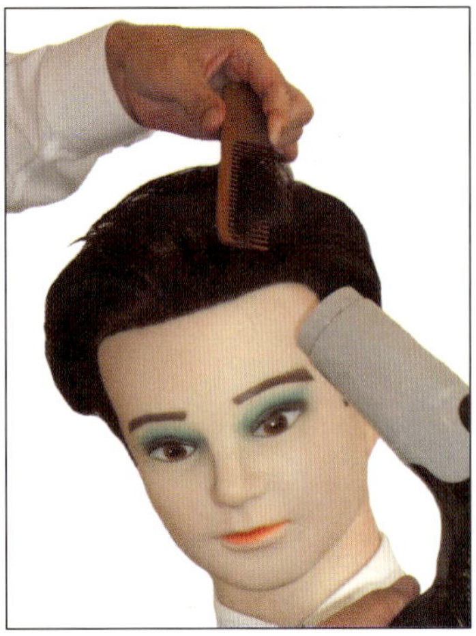

㉕

㉕ 프론트 부분으로 내려오면서 시술한다.

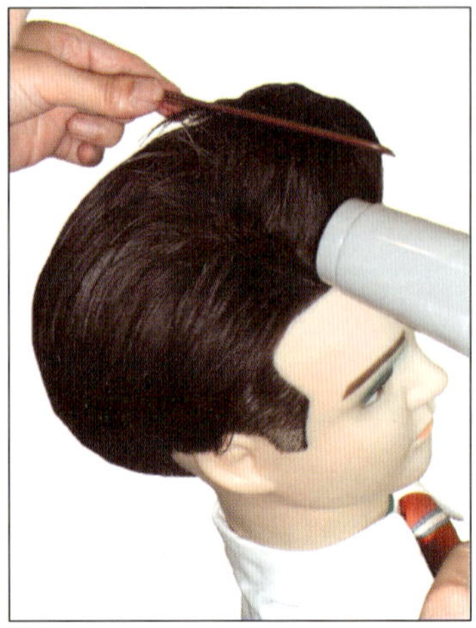

㉖

㉖ 가르마선의 프론트 사이드 부분은 볼륨을 크게 주는데 섹션을 뜬 빗 밑으로 열을 가하고 난 다음 빗을 회전시킬 때, 모발 위에서 열을 가하여 시술한다.

㉗

㉗ 우측 사이드 부분과 연결하기 위해서 탑 부분의 모발을 사선으로 빗어 내리면서 시술한다. 이때 빗몸이 모발을 눌러서는 안된다.

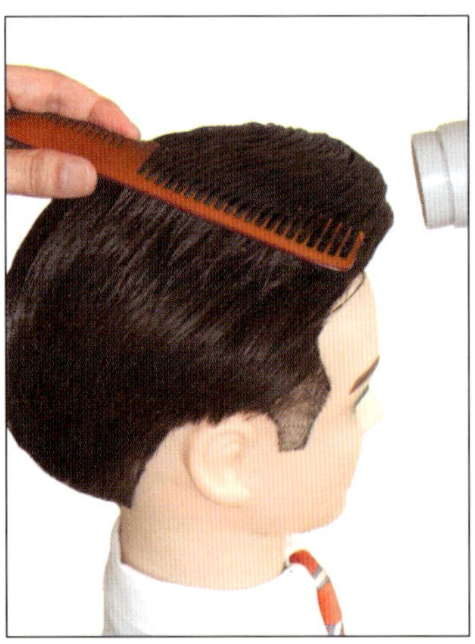

㉘

㉘ 프론트 부분에서 우측 사이드 부분에 모발을 연결시킬 때에는 빗으로 볼륨을 주면서 시술한다.

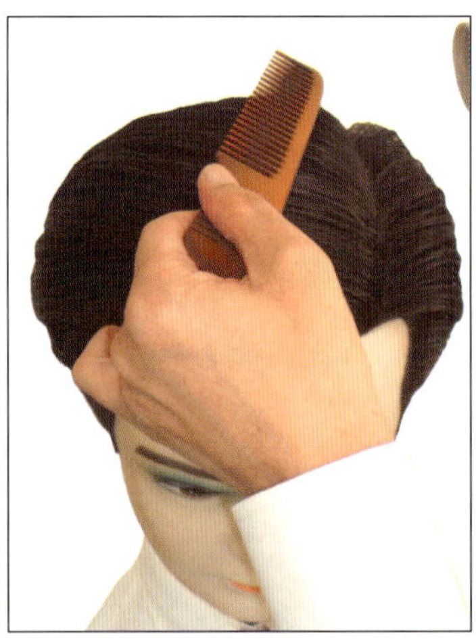

㉙

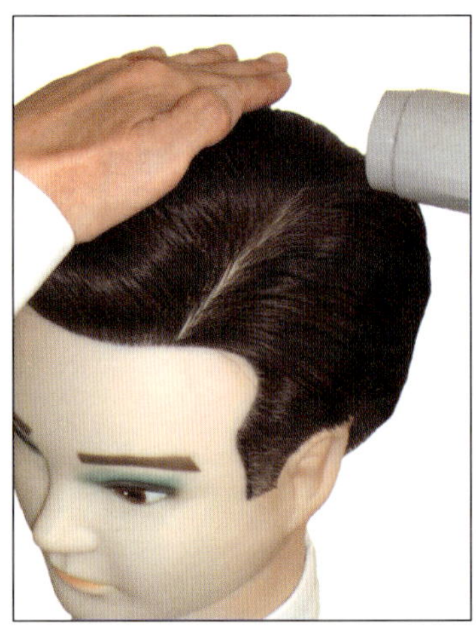

㉚

㉙~㉚ 빗으로 가르마 선을 정리하고 나서 왼손으로 탑이나 크라운 부분 모발을 정리한다. 이때 왼손 바닥 밑으로 열을 가한다.

㉛

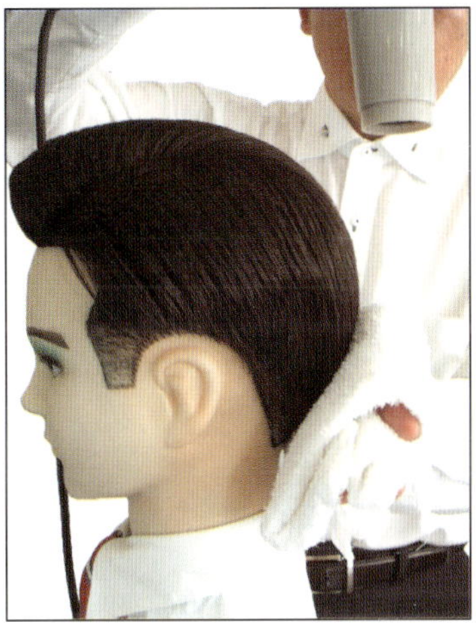

㉜

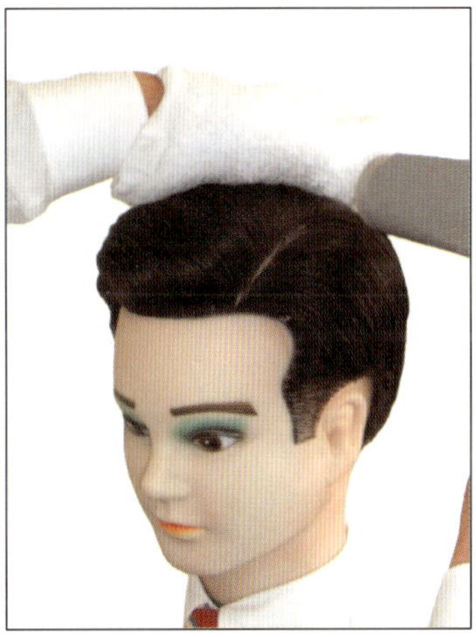

㉝

㉛~㉜ 전체적으로 형을 완성시키고 나면 물에 적신 타올로 헤어라인 부분을 마무리하는데 물수건을 밑에서 들어 올리면서 모발과 타올 중간 부분에 열을 가하여 시술한다.

㉝ 윗머리를 시술할 때는 타올을 모발의 끝부분에서 앞쪽으로 조금 당기면서 열을 가하여 시술한다.

㉞

㉞ 시술이 끝나고 스타일이 완성되면 정발술이 끝난다.

제3편 소독 및 전염병학

제1장 소독학의 역사와 미생물

Ⅰ. 소독학의 역사

소독은 17세기에 병의 원인이 되는 미생물 발견으로 인하여 19세기에 와서는 실제로 소독이 여러 가지 방법에 의해 행하여지기 시작하였다.

1825년에는 리비라크가 차아 염소산으로 화농된 상처를 소독했으며 헝가리의 세밀와이스가 산욕열을 막기 위해 의사의 손을 염소수로 씻었다.

파스퇴르는 미생물에 의해 균이 옮겨진다는 학설을 내고 저온 살균법을 생각해 내었으며 리스터는 1865년 파스퇴르의 발효·부패가 미생물에 의해 일어난다는 연구에 힌트를 얻어 복합골절에 페놀(Phenol: 석탄산)을 환부에 사용하여 무균적 수술을 가능하게 하였다.

Ⅱ. 소독이론 및 소독법

1. 소독이론

1) 소 독

소독이란 병원성 미생물만을 파괴함으로써 도구나 기구를 균이 없는 상태로 만드는 것이다. 물리적 또는 화학적인 방법에 의해 균체의 주성분인 단백질 또는 당의성분과 결합하여 파괴·변화시킴으로서 생리적인 작용을 잃게 하거나 번식을 막아서 균을 죽이는 것이다. 소독은 병원성 미생물을 제거하거나 죽여서 감염을 방지하는 것이고 멸균은 병원성 비병원성 미생물 전부를 죽이는 것이다. 방부는 병원체의 발육과 번식을 억제시켜서 염증 및 음식물의 발효와 부패를 예방·방지하는 것이다.

2) 소독의 종류

소독은 그 대상물에 따라 적절한 소독법을 선택해야 한다. 그러므로 소독의 종류와 특징을 정확히 파악해야 한다. 소독은 크게 물리적 소독과 화학적 소독으로 구분된다. 물리적 소독은 이학적 소독이라고도 하며 습열소독과 건열소독으로 나뉜다. 습열소독은 저온소독, 자비소독, 증기소독, 여과소독이 있으며, 건열소독으로는 건열소독, 일광소독, 소각소독이 이에 해당된다. 화학적 소독은 소독약에 따라 석탄수, 승홍수, 크레졸, 포르말린, 포름알데히드가스, 알콜, 염소, 계면성활성제, 생석회 등을 사용하여서 소독하는 방법이다. 소독약을 선정할 때는 대상물이나 구비조건을 고려해서 선정해야 할 것이다.

3) 소독할 때의 주의사항

소독할 물건에 알맞은 소독약과 소독법을 선택해야 하며, 병원체의 종류와 저항력을 미리 알고 소독과 멸균의 목적에 알맞은 소독약을 선택하고 시간을 미리 정해둔다. 약품을 사용할 때마다 새로 제조하도록 하며 약품은 밀폐시켜 냉암소에 보존하여야 할 것이다.

2. 소독법

1) 물리적 소독법

① 자비소독

쉼멜 부쉬(Schimmel Busch) 멸균기를 사용하여 물을 끓여서 소독이나 살균을 하는 것이다. 물이 끓기 시작한 후 100℃에서 15~20분간 소독하는 방법으로 멸균은 30분 이상이 필요하다. 소독할 대상으로는 가위, 클리퍼, 면도칼, 자기, 유리제품, 의류기구 등이 있다.

② 유통증기 소독

코흐(Koch) 증기솥이나 아놀드(Anold) 살균기를 이용하여 100℃의 유통증기로 30~60분 가열하는 방법이다.

모든 미생물을 완전히 사멸시키려면 15~30분의 가열을 24시간 간격으로 3회 반복하고 휴지기간 중은 20℃ 이상 실온에 둔다. 고압의 증기멸균에 견디지 못하는 물품의 멸균에 사용되며, 소독할 대상물은 스팀타올, 포면류, 유리, 도자기, 식기 등이 있다.

③ 고압증기 소독

고압증기멸균기(Autoclave)를 사용하여 온도 120℃에서 압력 10파운드는 30분간 압력 15파운드 20분간 20파운드는 15분간 소독하는 방법으로 아포를 포함한 모든 미생물이 완전 사멸된다. 소독할 대상물은 수술기구, 수술복, 의류, 거즈, 약액, 실험기구, 고무제품 등이 있다.

④ 저온살균법

프랑스의 세균면역 학자인 파스퇴르에 의해서 고안된 살균법으로 병원성 미생물은 죽지만 부패의 원인이 되는 비병원성 미생물은 죽지 않으므로 쉽게 부패된다. 60℃～65℃에서 30분간 살균하며 소독할 대상물은 우유, 예방주사액, 포도주 등이 있다.

⑤ 여과소독

여과기에는 규조토·소작도기·석면 등이 사용되며 세균여과기를 통해서 세균을 제거하며, 열에 불안전한 액체를 멸균하는 방법이다. 그러나 세균보다 더 작은 바이러스는 여과기를 통과하여 전염병을 유발시킬 수 있으므로, 완전히 소독 되었다고는 볼 수 없다. 소독할 대상물은 특수약품, 혈청, 음료수 등이 있다.

⑥ 자외선 소독

자외선을 이용하여 증기나 자비소독으로 소독할 수 없는 큰 형체의 대상물을 소독한다. 그러나 물체의 표면만 소독되고 그늘진 곳이나 내부 속까지는 소독이 되지 않으므로 자외선이 쪼여지지 않은 부분은 수시로 방향을 바꿔 주어서 골고루 쪼여지도록 해준다. 자외선 소독은 오전 10시～오후 2시 사이에 조사하는 것이 좋으며 자외선이 2,000～2,800Å의 파장을 지닐 때, 가장 살균력이 강하다. 그러므로 이·미용실 자외선 소독기는 2,600Å의 파장을 갖고 있다. 소독할 대상물은 수술실, 제약실, 무균실, 이불, 플라스틱, 브러시, 빗, 기타도구 등이 있다.

⑦ 소각소독

병원성 미생물에 의해 오염된 것을 소각하여 전염될만한 물체를 태워버리는 방법으로 가장 확실한 소독법이다. 소독할 대상물은 전염병 환자의 대소변, 토사물, 쓰레기 등이 있다.

⑧ 건열소독

건열멸균기를 이용하여 공기를 밀폐시켜 건조한 상태에서 약 170℃에서 2시간 가열하여 소독한다. 대상물로는 병, 플라스크, 주사기, 침, 글리세린, 솜, 분말 등이 있다.

2) 화학적 소독법

화학적 소독법에 있어 소독약의 선정조건은 다음과 같다. 짧은 시간(소독 즉시)에 효과가 있어야 하고, 경제적이어야 하며, 소독 대상물이나 인축에 해가 없어야 한다. 또한 냄새가 나지 않아야 하며 대상물 표면뿐만 아니라 내부까지도 소독할 수 있어야 한다.

① 석탄산수(페놀: C_2H_7O)

석탄산은 다른 소독약의 소독력을 평가하는 수치를 석탄계수라 한다. 즉, 석탄산은 살균력의 지표가 되며 이런 시험에 사용되는 대표적인 균이 장티푸스균이다. 일반적으로 1~5% 수용액으로 사용되며, 일반 세균에는 유효하지만 바이러스에는 그다지 효과가 없다. 이·미용사법 시행규정에 의하면 석탄산 3%에 물 97%를 혼합하여 10분 이상 소독하도록 되어 있으며 소독 대상에 따라 혼합비율이 다르다. 그 예로 손가락(2%), 기물(1~3%), 객담, 토사물, 의류, 고무, 솔, 빗(3~5%) 등이다.

② 크레졸수(크레졸 비누액: $CH_3C_6H_4OH$)

크레졸은 석탄을 걸러서 얻어지며 크레졸 비누액으로 사용된다. 소독력이 강하고 적용범위가 넓으며 석탄산에 비해 2배의 살균력이 있다. 그러나 바이러스에 대해 소독력이 약하며 냄새가 강하고 용액이 혼탁하다. 이·미용사법 시행규정에 의하면 물 97% 크레졸 비누액 3%를 혼합하여 10분 이상 담가 두어서 결핵균에 대하여 소독하도록 되어 있으며 소독대상에 따라 혼합비율이 다르다. 그 예로 의류, 수지(1~2%), 배설물(2~3%)을 크레졸수에 2시간 이상 담가 두어야 한다.

③ 승홍수(염화제2수은: HgC_{l2})

승홍은 무색결정이나 분말로 되어 있으며, 살균력이 강하다. 보통 0.1%의 수용액을 사용하며 용액의 온도가 높을수록 살균력은 커진다. 승홍수에 소금을 첨가하면 살균력이 높아지나, 독성이 강하므로, 각별히 주의해서 사용하여야 한다.

소독대상물로는 손, 발이나 섬유류, 유리, 목재, 도자기 등이다.

④ 포르말린

포르말린은 에틸알콜을 산화시켜 얻은 가스상태의 포름알데히드를 수용액 상태로 만든 것으로 보통 35% 포름알데히드를 함유하고 있다. 고온에서 살균력이 강해지며 세균, 아포, 바이러스 등 미생물에 유용하게 사용된다. 소독 대상물은 고무, 플라스틱, 목재, 의류, 도자기, 셀루로이드(1~2%), 손, 금속(0.5~1%) 등이 있다.

⑤ 포름알데히드(HCHO)

포름알데히드는 메틸알콜을 산화하여 만들어진 자극성이 강한 가스체로서, 분무기나 가스발생기를 사용하여 소독한다. 많은 양의 물건을 한꺼번에 소독할 수 있으며, 건조한 물품소독에 용이하다. 소독 대상물은 밀폐된 방, 소독상자, 서적, 차내, 건조물, 고무 등의 건조한 물건 등이며, 방의 용적 33평방 미터에 대해서, 포르말린 40g을 분무하거나, 포름알데히드 가스 15g 이상을 발생시키고 동시에 100g 이상의 물을 증발시켜 7시간 이상을 밀폐 방치해둔다.

⑥ 알콜(CH_3OH)

알콜은 균체 단백질을 융해시키고 효소작용을 저해시킨다. 무색 투명하며 휘발성이 강하다. 바이러스나 무아포 형성균에는 유효하나 아포형 성균에는 효력이 없다. 70~75%로 희석하여 소독대상물을 닦는다. 소독대상물은 피부, 손, 가위, 브러시 등이 있다.

⑦ 역성비누(계면활성제: 양성계면활성제: inverrsoap)

세제, 세척제, 유화제, 양성계면활성제 등은 모두 계면활성제에 속한다. 역성비누는 결핵균이나 객담소독에는 효과가 없으나 양성계면활성제는 결핵균에 효과가 있다. 물, 알콜에 잘 용해되며 무색, 무취, 무해이다. 표면활성이기 때문에 침투력이 강하다. 소독할 대상물은 손(3% 수용액 30초 이상) 식기, 기구(0.5~0.25%)는 수용액에서 30분 이상 담궈 둔다.

⑧ 염소제(표백분: 크로르석회: $CaOC_{12}$)

물에 용해하면 치아 염소산 칼륨($CaOC_{12}$)이 되어 그것이 유효염소를 공급한다. 살균력은 균체에 염소가 직접 결합하거나 산화함으로써 효력을 발생한다. 강한 살균력과 표백, 방취효과가 있으며 일반 세균이나 바이러스에는 효과가 있으나 결핵균이나 아포를 가진 균에는 효력이 그다지 없다. 소독할 대상물은 음료수, 야채, 식품, 많은 양의 물소독, 하수구, 수세식 변소 등이 있다.

⑨ 생석회(산화칼슘: CaO)

산화칼슘을 98% 이상 함유하고 있는 견고하고 단단한 백색 또는 회백색의 가루로 물을 가하면 열이 발생되어 소석회가 되고 생석회의 수용액은 알카리성으로 균체의 단백질을 변성시켜서 살균작용을 한다. 수용액(20%)을 만들어 사용하거나 습한 장소에 소독할 경우에는 생석회 가루를 직접 뿌려 소독한다. 소독할 대상물은 분뇨, 쓰레기, 개천, 물탱크, 습한 장소 등이 있다.

⑩ 산화제(과산화수소: 옥시풀: H_2O_2)

과산화수소는 3%의 수용액을 사용하는데 무색투명하며 냄새가 거의 없으며, 병원체를 산화시켜 살균한다. 표백작용도 있으나 아포가 있는 균에는 효력이 없으며 자극성이 적어 피부상처, 구내염, 입안 등의 소독에 사용된다.

⑪ 과망간산카리($KMnO_4$)

산소를 유리시켜 그 산화력에 의해 살균작용이 나타나며 보통 0.05%~0.2% 수용액으로 창면 소독에 쓰인다.

또한 3~4%의 수용액은 성병을 예방하며 몇 분 만에 탄저균 아포를 죽인다.

⑫ 옥도정기(요오드: I_2)

요오드 6g을 요오드화칼륨(K_I) 4g과 함께 70%의 에틸 알콜에 녹여서 100㎖로 만든 것으로 살균력이 강하여 외과용 소독에 많이 이용된다.

⑬ 머큐롬

2~3% 수용액으로 외상소독에 많이 쓰인다.

3. 이용 기구의 소독

1) 자외선 소독

1평방 미터당 85마이크로 우트 이상의 자외선을 20분 이상 쪼이도록 한다.

2) 건열 멸균 소독

섭씨 100℃를 넘는 건조한 열에 20분 이상 쬐어 준다.

3) 증기 소독

섭씨 100℃를 넘는 습한 열에 20분 이상 쬐어 준다.

4) 열탕 소독

섭씨 100℃의 물 속에 10분 이상 끓인다.

5) 석탄산수 소독

석탄산수 3% 수용액에 10분 이상 담가둔다.

6) 크레졸 소독

크레졸수 3% 수용액에 10분 이상 담가둔다.

7) 에탄올 소독

에탄올 70% 수용액에 10분 이상 담가두거나, 에탄올 수용액을 머금은 면 또는 거즈로 기구의 표면을 닦는다.

Ⅲ. 미생물

미생물은 현미경으로만 구분할 수 있는 생물 집단이며 인간의 몸 안에 들어가 병적인 반응을 일으키는 병원성 미생물과 병적 반응을 일으키지 않는 비병원성 미생물로 나눌 수 있다.

1. 미생물의 발견

미생물의 발견은 1675년에 레벤후크(Anton van Leewenhoel, 1632~1723)에 의해 현미경으로 미생물이 최초로 발견되었다.

2. 미생물의 종류와 형태

1) 세균(bacteria)

단세포 생물로서 형태에 따라 둥근 모양의 구균 납작하거나 가는 막대모양의 간균, 나선형의 나선균으로 구분되며 구균은 단구균, 쌍구균, 연쇄상균으로 나누어진다. 세균이 병원체인 질병으로는 콜레라, 장티푸스, 백일해, 결핵, 나병, 성병, 디프테리아, 파상풍, 성홍열, 세균성이질, 페스트, 수막구균성수막염, 연성하감 등이 있다.

① 세균의 구조 : 세포막, 세포질, 핵, 세포봉입체, 아포, 편모 등으로 이루어져 있다.
② 세균의 화학성분 : 수분, 단백질, 전분, 무기질로 형성되어 있다.

2) 곰팡이(fungus)

비병원성 미생물로 발효나 항생물질을 만들어 내는데 필요한 미생물이다. 그러나 독소를 만든 인체에 해를 끼칠 수도 있다.

3) 효모(yeast)

주류나 발효식품의 재료에 이용된다.

4) 리케차(rickets)

세균과 바이러스의 중간에 속하는 미생물로 전염병의 원인이 되는 것도 있다. 리케차가 병원체인 질병으로는 발진열, 발진티푸스, 양충병 등이 있으며 이, 진드기가 매개체이다.

5) 바이러스

미생물 중에서 크기가 가장 작으며 세균 여과막을 통과하므로 여과성 병원체라 하며, 살아있는 세포에서만 증식을 한다. 바이러스가 병원체인 질병으로는 소아마비(폴리오), 일본뇌염, 황열, 트라코마, 유행성간염, 독감, 홍역, 두창, 광견병, 유행성 이하선염 등이 있다.

3. 미생물의 증식 환경

1) 영양소

질소원, 무기염류, 탄소, 발육소 등의 영양소가 충분히 공급되어야 한다.

2) 수 분

미생물은 건조상태에서는 휴지상태로 머물렀다가 적당량의 수분공급이 되면 발육, 증식한다.(보통 40%)

3) 산 소

산소를 필요로 하는 미생물을 호기성균이라 하며 산소가 전혀 필요치 않는 미생물을 혐기성균이라 한다. 또한 산소의 유무와 관계없이 발육하는 것을 통성호기성균이라 한다.

4) 온 도

발육 온도에 따라 저온균(0~25℃), 중온균(15~55℃), 고온균(40~70℃)으로 나뉜다. 저온균의 최적온도는 (15~20℃), 중온균의 최적온도는 (25~37℃), 고온균의 최적 온도는 (50~65℃)이며 대부분의 병원성 균은 28~38℃가 최적의 온도이다.

4. 수소 이온 농도(pH)

일반세균은 최적 pH 6.5~7.5, 최고 pH 8.0~8.5, 최저 pH 4.5~5.0이며 보통 중성 내지 약알카리성에서 잘 자라는 경향이 있다.

제2장 전염병학

Ⅰ. 전염병 발생과 관리

1. 전염병 발생의 3대요인

전염병이 발생하에 유행하려면 전염원, 전염경로, 감수성이 있는 숙주 집단의 3대요인이 필요하며 3대요인 중 하나만 결여되어도 전염병은 일어나지 않는다.

1) 전염원

전염원이란 병원체를 직접 사람에게 가져올 수 있는 모든 수단을 총칭하는 것으로 6가지가 있다. 병원소는 이러한 전염원 중 병원체가 생활하고 증식하여 사람에게 전파될 수 있는 상태로 저장되는 장소를 말하며 환자, 보균자, 접촉자, 병독 보유동물, 병독 절지동물, 병독 보유토양 등이 있다.

① 환자

전염병환자는 전염병 발생의 직접적인 원인이 된다. 예를 들면 홍역, 두창, 콜레라, 장티푸스, 이질 등을 앓고 있는 환자가 전염원이다.

② 보균자

병의 증상이 표면으로 나타나 보이지 않지만 병원체를 보유하고 있는 사람을 말하며 병후보균자(세균성이질, 디프테리아) 잠복기보균자(홍역, 백일해, 디프테리아) 건강보균자(폴리오, 일본뇌염, 디프테리아)가 있다. 병후보균자란 회복기보균자를 뜻하며 잠복기보균자라는 발병원보균자라 하며 건강보균자는 불현성보균자라 한다.

③ 접촉자

전염된 환자와의 접촉에 의해 전염되었을 가능성이 큰 사람이다.

④ 병독 보유동물

쥐, 말, 소, 돼지, 개, 들토끼 등 병독소를 보유하고 있는 동물을 말한다.

⑤ 병독 절지동물

파리, 모기, 이, 벼룩, 바퀴, 진드기 등이 있다.

⑥ 병독 보유토양

파상풍, 보틀리즘 등이 있다.

2) 전염경로

① 직접, 간접, 접촉전염

성병이나 피부질환과 같이 전염원인 환자가 감수성 보유자에게 직접 접촉함으로서 전염되는 경우를 직접 접촉감염이라 하고 식기, 의류 등에 병원체가 묻어 감수성 보유자에게 접촉되는 것을 간접 접촉전염이라 한다.

② 공기에 의한 전염

전염원인 환자의 재채기, 기침 등에 의해서 균이 공기 중에 부유하며 이것을 호흡 중에 들이쉼으로써 감염이 성립되는 것으로 비말감염과 포말감염이 있다. 결핵, 디프테리아, 백일해, 성홍열, 인플루엔자 등이 있다.

③ 개달전염

질병전파에는 비활성전파체와 활성전파체인 매개체가 있다. 비활성전파체 중에서 물, 우유, 공기, 토양 등을 제외한 의복, 완구, 책 등을 개달물이라 하며 이에 의한 전염을 개달전염이라 한다. 두창, 결핵, 트라코마 등이 있다.

④ 물과 음식물에 의한 전염

음료수, 우유, 음식물 등으로 인한 소화기계전염으로 이질, 콜레라, 식중독, 폴리오, 장티푸스, 파라티푸스, 세균성 이질 등이 있다.

⑤ 절지동물 매개전염

이(발진티푸스, 재귀열), 모기(일본뇌염, 황열, 말라리아, 댕기열(황열)), 벼룩(페스트, 발진열), 진드기(양충병, 유행성출혈열), 파리(이질, 콜레라, 식중독, 폴리오, 장티푸스, 파라티푸스, 결핵, 트라코마) 등이 있다.

⑥ 토양에 의한 전염

파상풍, 보툴리누스 중독

3) 감수성이 있는 숙주 집단

감수성이 있다는 것은 면역이 없다는 뜻으로 전염병에 감염되어 발병할 수 있는 위험이 높다는 의미이다. 면역에는 선천적 저항력, 후천적 면역으로 크게 구분되는데 후천적 면역에는 능동면역과 수동면역으로 나뉜다. 또한 능동면역에는 자연능동면역과 인공수동면역으로 나뉜다. 선천적 저항력은 종족 저항력과 개인 저항력이 있다. 자연능동면역은 전염병 감염 후 형성되는 면역이며 인공능동면역은 예방주사에 의해 형성되는 면역이다. 자연수동면역은 어머니의 태반과 모유에 의해 형성되는 면역이며 인공수동면역은 감염된 환자의 혈청에 의해 형성되는 면역이다.

2. 전염병 생성과정

전염병의 생성과정은 병원체 → 병원소 → 병원소로부터 병원체 탈출 → 전파 → 새로운 숙주에 침입 → 감수성 숙주의 감염을 거치는데 6개 과정을 연쇄적으로 거쳐야만 된다. 이 단계 중 어느 한 단계만 차단해도 전염병의 생성을 막을 수가 있다.

3. 검역전염병

검역전염병이란 공항이나 항만을 통해 들어오는 외래 전염병으로서 콜레라는 120시간의 격리를 요하며 페스트 144시간, 황열 144시간, 두창 336시간을 격리하여 관찰 예방하여야 한다.

4. 역학의 정의

인간의 집단을 대상으로 질병발생현상을 시간적, 지리적, 사회적, 생물학적으로 나누어 원인을 규명하고 어떤 경과를 거쳐 질병이 발생했는지를 연구하여 질병 발생을 예방하고 근절시키기 위함이다.

1) 시간적 현상

10년 또는 수10년을 주기로 유행 현상이 있는 질병 종류를 연구한다.

2) 지리적 현상

산맥, 사막, 바다 등과 같이 지리적 경계를 두고 유행양상을 연구한다.

3) 사회적 현상

도시와 농어촌, 인구밀도, 교통, 빈부의 차, 직업 유행양상을 연구한다.

4) 생물학적 현상

연령, 성, 인종, 결혼여부에 따라 질병의 유행양상이 다른 것을 말한다.

Ⅱ. 법정 전염병

1. 제1군 전염병(6종)

- 전염속도 빠르고 위해 커서 발생즉시 방역대책 수립 필요
- 콜레라, 세균성 이질, 장티푸스, 페스트, 파라티푸스, 장출혈성대장균 감염증

2. 제2군 전염병(9종)

- 예방접종을 통해 예방 관리 가능(예방접종 대상)
- 디프테리아, 백일해, 파상풍, 홍역, 유행성 이하선염, 풍진, 폴리오, B형 간염, 일본뇌염

3. 제3군 전염병(18종)

- 간헐적으로 유행할 가능성, 계속적 감시와 예방홍보 중점
- 말라리아, 결핵, 한센병, 성병, 성홍열, 수막구균성수막염, 레지오넬라증, 비브리오패혈증, 발진티푸스, 발진열, 쯔쯔가무시증, 렙토스피라증, 브루셀라증, 탄저, 공수증, 인플루엔자, 후천성 면역결핍증(AIDS), 신증후군출혈열(유행성 출혈열)

4. 제4군 전염병(15종)

- 해외유행전염병, 방역대책 긴급수립
- 황열, 리슈마니아증, 바베시아증, 아프리카수면병, 크립토스포리디움증, 주혈흡충증, 마버그열, 에볼라열, 뎅기열, 라싸열, 요우스, 핀타, 신종전염병증후군, 두창, 보툴리늄독소증

5. 지정 전염병(9종)

- 보건복지부 장관이 지정, 유행여부조사감시 활동이 필요한 전염병
- A형 간염, C형 간염, 포충증, 샤가스병, 광동주혈선충증, 유극악구충증, 사상충증, 반코마이신내성 황색포도상구균(VRSA)감염증, 크로이츠펠트 - 야곱병(변종 포함)

제4편 공중보건학

제1장 공중보건학

Ⅰ. 공중보건

1. 공중보건학의 정의

공중보건학이란 개인의 건강문제를 연구하는 학문이 아니라 지역사회나 국민의 건강을 증진, 향상시키기 위해 연구하는 학문이라 할 수 있다. 따라서 윈슬로(Winslow) 박사는 "조직적인 지역사회의 노력을 통하여 질병을 예방하고 생명을 연장시키며 육체적, 정신적 건강과 능률의 증진을 관장하는 기술이며 과학이다."라고 정의하고 있다.

또한 공중보건학의 대상은 개인이 아니라 지역사회 전 주민을 대상으로 하며 보건교육, 전염병 관리, 환경위생, 영양관리 등의 관리와 봉사를 통하여 지역사회의 전 주민의 건강을 관리하는 것을 뜻한다.

2. 건강의 개념

건강이란 단순히 질병이 없는 상태만을 말하는 것이 아니라 "정신적, 육체적 및 사회적으로 완전 무결한 최적의 상태를 건강"이라고 W.H.O(세계보건기구)는 정의하고 있다. 최근에는 영적 건강의 개념도 도입되었다.

3. 보건교육

보건교육이란 보건사업의 성패를 좌우할 수 있는 지역 사회 접근 방법 중에서 가장 기본적인 사업이며 공중보건을 봉사법 및 교육 이 세 분야로 대별하고 그 중에서도 가장 중요한 것이 보건교육이라고 지적하고 있다.(앤더슨) 따라서 개인 및 지역사회의 주민 모두가 올바른 생활 습관 및 건강 생활을 영위할 수 있도록 자발적으로 행하여야 할 것이다.

4. 공중보건의 수준 평가

세계보건기구(W.H.O)는 한나라의 보건수준을 평가하는 지표로서 평균수명, 조사망률, 비례사망자수로 평가하고 있으며, 지역사회의 보건 수준을 평가하는 지표로서는 영유아 사망률로 평가하고 있다.

1) 평균 수명

어떤 연령의 사람이 앞으로 평균해서 몇 년 더 살 수 있는가 하는 기대치를 의미한다.

2) 조사망률

인구 1000명당 1년간의 전 사망자수를 말한다.

3) 비례 사망자 수

전 사망자에 대한 50세 이상의 사망을 백분율로 표시한 것이다.

4) 영유아 사망률

출생 1,000명에 대한 생후 1년 미만의 사망 영유아 수를 나타낸다.

Ⅱ. 환경위생

1. 환경위생의 정의

환경위생은 인간의 신체발육, 건강 및 생존에 유해한 영향을 미치거나 미칠 가능성이 있는 인간의 물리적, 생활환경에 있어서의 모든 요소를 통제하는 것이다.

2. 공 기

공기의 화학적 조성은 산소(O_2)가 20.93%, 질소(N_2)가 78.09%, 아르곤(Ar) 0.93%, 이산화탄소(CO_2) 0.03%, 오존 등의 비율로 되어있다. 또한 일정하지 않은 양의 수증기도 함유하고 있으나 비정상적으로 산소량이 부족하거나 유독 성분이 일정량 이상 함유되어 있을 경우 호흡장애와 중독증세를 일으킬 수 있다. 또한 많은 사람이 밀집한 실내에서는 불쾌감, 두통, 권태, 구토 및 현기증과 식욕부진 등을 일으키는데 이를 군집독이라 한다.

1) 산소(O_2)

인간이 가장 필요로 하는 공기 중의 성분이며 사람이 적응할 수 있는 산소의 변동범위는 보통 21%이다. 또한 공기 중에 함유되어 있는 산소량이 10% 이하이면 호흡곤란이 오고 7% 이하이면 질식, 사망하게 된다. 성인이 안정된 상태에서 하루동안 산소의 소비량은 약 0.52kℓ이다.

2) 질소(N_2)

공기 중의 산소 작용을 원활케 하는 역할을 하며 직접 호흡작용에는 관여치 않지만 가장 많은 비율을 차지한다.

3) 이산화탄소(CO_2)

사람이 많이 모인 상태에서 시간이 경과되면 실내에 환기가 나빠지고 탄산가스량이 증가하므로 실내의 온도가 높아지고 습도도 증가되어 무더워진다. 또한 공기오염으로 인한 공중균이 늘어나는 경향도 있다. 그러므로 이산화탄소는 실내공기 오염도를 나타내는 기준지표로 사용된다. 이산화탄소 실내 허용한 계량은 8시간 기준으로 0.07∼0.1%이고 공기 중의 정상성분으로는 0.03∼0.04%가 존재하며 공기보다 1.5배 무겁다.

4) 일산화탄소(CO)

사람에게 가장 위험한 가스로 공기보다 약간 가벼우며 무색, 무취이며 자극성이 없는 가스로 확산성과 침투성이 아주 강하다. 목탄, 연탄, 석탄 등의 불안정 연소시에 발생하는 유독가스이며 자동차에 배기 중에도 다량 함유되어 있다.

일산화탄소는 헤모글로빈에 대한 결합력이 산소에 비해 250~300배나 강하며 실내공기 중 0.05~0.1%만 존재해도 중독증상이 발생한다. 일산화탄소의 허용한 도는 8시간 기준 0.01%(100PPM)이다.

5) 아황산 가스(SO_2)

아황산 가스는 공기보다 무거우며 자동차 배기에서 많은 양이 발생하므로 대기오염의 주원인이 된다. 그러므로 대기오염의 지표로 사용되고 있으며 대기환경 기준은 연간 0.05PPM 이하이다.

3. 온열의 조건

인간의 체온조절에 중요한 영향을 미치는 기온, 기습, 기류, 복사열을 온열요소라 하며, 이들에 의해 이루어진 종합적인 상태를 온열조건이라 하며, 이들에 의해 이루어진 종합적인 상태를 온열조건이라 하며 기온, 기습, 기류를 기후의 3대 요소라 한다.

1) 기 온

공기의 온도를 기온이라 하며, 지상 1.5m 높이에서 측정하며 우리 신체의 쾌적온도는 18±2℃이다.

2) 기 습

습도는 공기 중에 포함된 수분량에 의해 결정되며 기온에 따라 변화한다. 온도와 습도가 다같이 높으면 불쾌감을 주고, 습도가 내려가면 쾌적해진다. 쾌적습도는 온도가 18℃전후 일 때, 40~70%(65%)의 범위이다.

3) 기 류

기류는 일반적으로 공기의 흐름을 말하며, 우리 신체에 쾌적한 기류는 실내에서 0.2~0.3m/초 옥외에서는 1.0m/초 내외 정도가 알맞다.

4) 복사열

복사열은 주로 태양의 적외선에 의한 열과 온도 차이에 의하여 물체로부터의 발열에 의해서 일어나는 두 가지의 경우가 있다.

4. 일 광

태양은 여러 파장의 방사선을 내고 있으며 빛과 색을 나타내는 가시광선 파장이 짧은 자외선, 파장이 가장 긴 적외선 등으로 구분된다. 또한 기온, 기습과 밀접한 관계가 있으며 건강생활에 큰 영향을 준다.

1) 자외선

파장이 400mμ 이하의 부분으로 인체의 신진대사를 촉진시키고 비타민 D를 생성하여 구루병을 예방하며 살균작용도 한다. 그러나 지나치게 조사하였을 경우 홍반, 색소침착, 피부암, 결막 및 각막염을 유발할 수 있다.

2) 적외선

파장이 800mμ 이상이며 태양에서 방사되고 인공적으로도 열을 내며 종기, 외상, 타박상 등의 치료에 쓰인다. 그러나 지나치게 조사하였을 경우 일사병, 백내장의 원인이 된다.

3) 가시광선

파장이 400~800mμ 범위이며 시각을 느끼게 하는 광선으로서 빛과 색을 나타내는 광선이다.

5. 물의 위생

1) 물

물은 인체 구성분의 60~70%를 차지하며 신체의 여러 가지 생리작용에 필요 불가결한 것으로써 하루에 2.0~2.5ℓ의 물이 필요하다.

만약에 사람 신체내의 물 중 약 10%가 소실되면 생리적 이상현상이 초래되고, 20% 이상이 소실되면 생명의 위험까지 가져올 수 있다.

2) 물의 위생

① 경수(센물) : 거품이 잘 일지 않고 끈끈하며 경도는 10도 이상이다.

- 일시경수 : 산화칼슘, 마그네슘, 중탄산염 등이 함유되어 있으며 끓이면 연수가 된다.
- 영구경수 : 산화칼슘, 마그네슘, 황산염, 질산염, 염화물 등이 함유되어 있으며, 탄산소다를 넣으면 연수가 된다.

② 연수(단물) : 경도가 10도 이하의 우물물이며, 거품이 잘 일고 미끄럽다. 음료수로서는 무색투명하고 냄새가 없으며 온도는 7℃~10℃가 적당하다.

3) 물의 소독

소독에서 가장 광범위하게 사용되는 방법은 화학적 소독으로 화학물질로는 주로 염소・이산화염소・표백분 등이 사용되지만 가장 많이 사용되는 것은 액체 염소이다. 염소는 강한 산화력을 갖고 있으며, 잔류염소가 필요하다. 일반적으로 수도전에서 0.2 PPM이 필요하는데 소독력이 강하고 가격이 싸며 잔류효과가 크고 조작이 간편한 장점이 있는 반면, 염소특유의 냄새가 나며 독성이 있는 단점을 들 수 있다. 또한 소규모의 물 소독에는 표백분이 사용되고 있다.

6. 주택위생

주택은 외부환경으로부터 사람을 보호해주며 그 가족 구성원의 일상생활을 편리하게 하며, 건강한 사회생활을 위한 가장 기본이 되는 공간이다.

1) 조 명

조명이란 인공광을 이용하거나 인위적인 방법으로 밝기를 조절하는 것을 말하며, 자연조명과 인공조명으로 분류할 수 있다. 인공조명은 조명기구를 이용하여 밝기를 조절하는 것을 말하며, 조명의 방법에는 직접조명, 간접조명, 반 간접조명 등이 있다.

2) 채 광

자연조명을 최대한 이용하기 위해서는 주택의 방향이 남향이 좋으며 창의 면적은 실내 바닥 면적의 1/5~1/7 이상, 창의 높이는 벽 높이의 1/3 정도가 적당하다.

3) 환 기

환기란 오염된 실내공기를 신선한 실외공기와 교환시키는 것을 말하며, 자연환기와 인공환기로 구분할 수 있다.

자연환기는 실내・외 온도의 차이, 기체의 확산력 및 실외공기의 풍력에 의해 들어오는 공기는 하부로, 나가는 공기는 상부로 이동하는 것을 말하며 인공환기는 기계의 힘에 의해 환기를 시키는 것을 말한다.

4) 냉 · 난방

냉방법에는 부채나 선풍기 등과 같은 국소냉방법과 공기조정법을 이용하는 중앙 냉방법이 있으며, 난방법에는 화로나 난로, 히터 등과 같은 국소냉방법과 한 곳에서 열을 발생시켜 건물 전체가 난방되는 중앙 난방법이 있다.

5) 이용업소의 채광, 조명, 환기

이용업소의 조도는 작업면에서 100Lux 이상을 유지되도록 해야 하며, 채광을 위한 창과 그 밖의 개구부면적은 바닥면적의 1/7 이상으로 하고 환기를 위한 창과 그 밖의 개구면적은 바닥면적의 1/20 이상으로 하여야 한다.

Ⅲ. 기 생 충

1. 선충류

1) 회 충

회충은 오염된 야채, 불결한 손, 파리의 매개로 오염된 음식물, 음료수 등을 통해 경구침입을 하며, 소장에 정착되어 75일이면 성충이 되어 산란한다.

증상으로는 권태, 식욕부진, 체중감소, 복통, 구토, 그 밖에 빈뇨, 두드러기 등이 있을 수 있다. 예방법으로는 분뇨의 철저한 위생처리와 위생적인 식생활과 채소생식에 유의하여야 하며, 정기적으로 구충제를 복용하여야 할 것이다.

2) 구충 (십이지장충)

구충은 인체의 소장에서 기생하여 산란한 후 분변으로 배출되며 경피적 침입을 하기 때문에 인분을 사용한 밭에서는 맨발로 다니는 것을 삼가야 할 것이다. 증상으로는 초기엔 기침, 구토증세가 올 수 있으며 성충이 되면 홍반구진, 수포, 빈혈증이 올 수 있다.

예방법으로는 오염지역에서의 피부노출을 피하고 인분으로 재배한 야채는 흐르는 물에 씻어야 할 것이다.

3) 요 충

요충은 성숙충란이 불결한 손이나 음식물을 통해 경구 침입되어 소장에서 부화되어 맹장에서 성충이 될 때까지 기생하여 45일 전후에 항문 주위에 나와 산란한다. 특히 요충은 집단 감염이 잘 되므로 예방법으로는 집단적 구충을 하고 항문 주위를 청결하게 하여야 할 것이다.

4) 말레이 사상충 (상피병)

상피병이라고도 하며 기생부위는 림프관이 분포된 부위이며 주로 생식기, 사지 등에 기생하며, 매개체인 모기가 감염자의 혈류에서 사상충의 자충을 흡열한 후 2~3주 후 건강인을 흡혈할 때 감염시킨다.

증상으로는 림프관염, 음낭수종, 음낭의 상피증, 사지에 상피증 등을 일으키며 두통, 오한을 동반한 고열을 일으킬 수도 있다. 예방법으로는 모기에 물리지 않도록 하며 모기구제를 하여야 할 것이다.

2. 흡충류

1) 간 흡충류 (간디스토마)

우리나라 낙동강·영산강·금강·한강·섬진강 등의 강 유역에서 특히 민물고기를 생각하는 지역주민에게 많이 감염되며 충란이 제1중간숙주(쇠우렁이) → 제2중간숙주(잉어, 참붕어) 등의 피하조직에서 피낭유충이 되어 감염된 민물고기나 오염된 조리기구를 통하여 경구 감염된다. 증상으로는 초기에는 소화불량에 따른 피로 권태, 심하면 황달, 간경변으로 사망할 수도 있다. 예방법으로는 민물고기의 생식을 금하고 조리기구를 청결히 하며, 수원지의 오염을 방지하고 생수를 마시지 않도록 한다.

2) 폐 흡충류 (폐디스토마)

우리나라의 산간지역에 많이 분포되어 있으며 기생부위는 복부, 뇌부, 폐부이며 객담이나 분변으로 배출된 충란이 수중에서 부화하여 제1중간숙주(다슬기) → 제2중간숙주(게, 가재) 등의 아가미, 간장, 근육내에 침입한다. 사람이 게나 가재를 생식할 때 침입한다. 증상으로는 반신불수·국소마비·실어증·시력장애 등의 증상을 일으킨다. 예방법으로는 가재나 게의 생식을 금하고 감염지역의 생수를 마시지 말 것이며, 개, 고양이 등의 감염동물 관리를 철저히 하여야 할 것이다.

3) 요꼬가와 흡충류

동아시아지역·주로 중국이나 일본에 분포되어 있으며, 우리나라에서는 간디스토마 유행 지역에서 가끔 발견된다. 제1중간숙주(어패류 다슬기) → 제2중간숙주(민물고기 중 잉어과의 은어)를 통하여 생식하였을 때 감염된다. 증상으로는 가벼운 복통이나 심근, 뇌, 척추로 운반되어 조직변화를 일으킬 수도 있다.

예방법으로는 어패류와 민물고기의 생식을 금하고 익혀서 먹어야 할 것이다.

3. 조충류

1) 유구조충 (갈고리촌충)

돼지고기를 생식하는 지역주민에게 많이 발생하며 전 세계적으로 분포되어 있다. 사람이 낭충이 있는 돼지고기를 날로 먹거나 덜 익혀서 먹으면 감염된다.

증상으로는 소화불량, 식욕부진, 두통, 설사, 변비 등이 있다. 예방법으로는 돼지고기는 반드시 익혀 먹도록 하여야 할 것이다.

2) 무구조충 (민촌충)

소고기를 생식하는 지역주민에게 많이 발생하며 전 세계적으로 분포되어 있다. 한국인의 감염율도 높으며 오염된 풀을 중간숙주인 소가 먹으면 장내에서 장벽을 뚫고 들어가 3~6개월이면 무구낭충이 된다. 사람이 감염된 소고기를 생식하였을 때 감염되며 증상으로는 소화불량, 식욕부진, 복통 등이 일어날 수 있다. 예방법으로는 소고기를 익혀서 먹도록 하고 소먹이 풀을 오염되지 않도록 관리하여야 할 것이다.

3) 광절열두조충 (긴촌충)

우리나라는 경남해안지방에서 발생하였으며 북반구의 발트해 근방에서 많이 분포되어 있다. 제1중간숙주(물벼룩) → 제2중간숙주(송어, 연어)를 사람이 생식하면 감염된다. 증상으로는 식욕부진, 신경장애, 영양불량, 위통 등이 일어날 수 있다. 예방법으로는 송어나 연어의 생식을 금하여야 할 것이다.

4. 원충류

1) 이질아메바

환자의 분변에 의하여 배출된 피낭형원충이 물과 음식을 오염시켜 경구 침입한다. 증상으로는 급성이질의 경우 점액성 혈변을 배설하며 심한 탈수와 복통, 복부팽만감, 식욕이상, 두통, 정신력 둔화 등의 증상이 있다. 예방법으로는 음용수 관리, 분변의 위생처리 등의 환경 및 개인 위생관리를 철저히 하여야 할 것이다.

2) 질 트리코모나스

여성의 질 점막 주위에 기생하는 기생충으로 성행위에 의한 직접 감염되며 증상으로는 남성의 경우 증상이 없거나 가벼우나 여성은 질의 발적, 질 벽의 점상 출혈 반응 등이 나타난다. 예방법으로는 건전한 성행위를 하여야 할 것이며, 보건교육·개인위생관리를 철저히 하여야 할 것이다.

Ⅳ. 식품위생

식품위생이란 "식품의 지배, 생산, 제조로부터 인간이 섭취하는 과정까지의 모든 단계를 거쳐 식품의 안정성, 건강성 및 완전무결성을 확보하기 위한 수단을 말한다."라고 정의한 바 있다.

그러므로 식생활은 의지의 생명이나 건강과 직접 연결되는 것으로 식품위생이 가지는 의의는 인간생활에 있어서 가장 중요한 것이라 할 수 있다.

1. 세균성 식중독

1) 살모넬라 식중독

살모넬라 원인균에 오염된 식품을 섭취하면 감염되며 사람과 가축 모두 발병한다. 잠복기는 (12~24)시간이며 원인 식품은 어육제품, 어패류, 유제품, 두부 등이 있다. 증상으로는 38°~40°의 고열과 오한, 급성위장염, 두통, 복통, 구토를 일으키며, 발병률은 높으나 사망률은 낮다. 예방법으로는 쥐, 파리, 바퀴 등을 구제하고 식품을 가열, 냉장처리하여야 할 것이다.

2) 장염비브리오 식중독

비브리오 병원균에 오염된 음식물을 섭취함으로써 여름철에 많이 발생한다. 잠복기는 (8~20)시간이며 원인식품은 어패류와 소금에 절인 생선류이다. 증상으로는 복통, 설사, 고열, 두통 등 급성위장염을 일으키며 발병률은 높으나 사망률은 낮다. 예방법으로는 어패류의 생식을 금하고 식품의 가열과 수돗물에 의한 세정이 효과적이다.

3) 병원성 대장균 식중독

병원성 대장균에 오염된 식품으로 일어난다. 잠복기는 (10~30)시간이며 증상으로는 두통, 발열, 설사, 복통 등을 일으키며 특히 영유아에게 병원성이 강하며 성인의 증상은 짧다. 예방법으로는 분변처리를 철저히 하여 식품 오염 방지를 하여야 할 것이다.

2. 독소형 식중독

세균이 음식물에서 번식하여 산출해내는 독소가 원인이 되는 식중독을 말한다.

1) 포도상구균 식중독

식품취급자 손에 화농성 염증이 있을 때나 사람과 동물 등의 화농성 질환이 발병의 원인이다. 원인 식품으로는 유제품, 김밥, 도시락 등이 있다, 증상으로는 체온 하강이 특징이며, 2~3일이면 완치되며 사망의 경우는 거의 없다. 잠복기는 제일 짧으며, 늦은 봄과 가을철에 많이 발생하며 면도 후 얼굴에 상처가 났을 때도 옮겨진다.

2) 보툴리누스균 식중독

통조림, 소세지 등 식품의 혐기성 상태에서 발육하여 신경독소를 분비함으로 식중독의 원인이 된다. 환경 조건이 나쁘면 저항력이 강한 아포를 형성하여 활동을 중지하고 있다가 조건이 좋아지면 증식을 하여 뉴로톡신이라는 독소를 생성한다. 잠복기는 길어서 (12~36) 시간이다. 증상으로는 시력저하가 특징이며 중추신경, 말초신경마비, 호흡곤란으로 인하여 사망에 이르기도 한다. 식중독 중에서 사망률이 가장 높으며 발열 증상이 없으며 운동성이 강한 강균이다.

3. 화학물질에 의한 식중독

화학적 물질에 의한 식중독에는 첨가물에 의한 식중독과 식품의 기구, 용기, 포장 등에서 유해물질이 식품 속에 들어가거나 재료 성분과 식품이 서로 작용하여 유해물질이 생기는 경우가 있다. 식품첨가물에는 착색료, 향료, 감미료, 방부제, 산화 방지제 등이 있는데 불량첨가물의 사용으로 식중독의 원인이 되며 납, 비소, 구리, 카드뮴, 수은 등의 금속류와 포름알데히드, 석탄산 등 화합물이 식품과 섞여 중독이 일어난다. 그러므로 불량첨가물은 사용치 않아야 되는 것은 물론 기구, 용기, 포장 등도 규격에 맞는 것을 사용해야 할 것이다.

4. 자연독에 의한 식중독

복어에는 알집, 난소, 간 등에 존재하는 테트로톡신이라는 유독 성분이 있으며 검은 조개에는 미틸로톡신, 모시조개에는 베네루핀이라는 유독 성분이 있다. 기타 독버섯에는 무스카린, 독미나리에는 사이쿠특신, 감자 싹에는 솔라닌, 목화씨에는 고시폴, 은행에는 긴놀, 청매에는 아버그달린이라는 유독 성분이 있다.

5. 식품보존

식품보존에는 가열법, 냉장법, 탈수건조법, 자외선 살균법 등이 있다. 가열법은 일반적인 미생물은 80℃에서 30분간 가열하면 사멸하나 아포는 내열성이므로 완전 멸균을 위해서는 120℃에서 20분간 가열하여야 한다. 냉방법은 0℃～4℃ 사이의 저온에 보관하여야 하며 탈수 건조법은 일반 세균이 15% 이하의 수분 함유량에서 번식하지 못하기 때문이다. 자외선 살균법은 2500～2700Å의 파장을 조사시켜 식품 표면에 있는 세균은 살균시키거나 식품 내부에 있는 세균에 대한 살균 효과는 없다.

6. 영양소의 3대 작용

영양소는 열량소와 조절소로 나누는데, 열량소는 에너지원으로 단백질, 탄수화물, 지방이 있고 조절소에는 무기질, 비타민이 있다. 또한 비타민을 제외한 4종의 영양소는 구성소라 한다.

1) 열량공급작용

열량의 단위는 칼로리(cal)를 사용하며, 단백질 및 탄수화물은 1g당 4cal 전후, 지방은 9cal 전후의 열량을 발생한다.

2) 신체의 조직구성작용

인체의 구성으로는 수분 65%, 단백질 16%, 지방질 14%, 무기질 5%, 탄수화물은 소량으로 구성되어 있다.

3) 신체의 생리기능 조절작용

신체의 기능을 원활히 할 수 있는 것으로 물, 무기질, 비타민 등이 있다.

7. 영양소의 작용과 필요량

1) 단백질

신체의 구성물질이며 파괴된 조직세포를 보충하고 발육성장에 절대 필요하다. 인체의 에너지원이며 각종 질병에 대한 면역체뿐만 아니라 항독물질의 주성분이며 효소나 호르몬의 성분이기도 하다. 1일 필요량은 체중 1kg당 1g이나 1.3~1.6g이 되어야 충분하며 부족현상이 심할 때에는 부종, 빈혈, 질병에 대한 저항력이 감소된다. 그러므로 발육기나 임산부에게 특히 필요하다. 달걀, 콩, 두부, 된장, 조수 어육에 많이 있으며 연소 분해하여 아미노산 형태로 소장에서 흡수된다.

2) 지 방

인체구성과 에너지 작용을 하며 피부를 부드럽게 한다. 성인의 하루 필요량은 20~30g 정도이며 지방 중에서도 신체 내에서 합성되지 않고 반드시 음식물에서 섭취하여 얻는 지방을 필수 지방산이라 한다. 샐러드유, 대두유, 옥수수유 등의 식물성 기름에 함유되어 있으며 소화 분해되어 글리세린으로 소장에서 흡수된다.

3) 탄수화물

신체의 활동 에너지원이며 하루 필요량은 450g 정도이다. 섭취량이 부족되면 단백질이 분해되어 에너지원으로서 소모되며 섭취량이 지나치면 글리코겐으로 변하여 간이나 근육에 저장되어 비만증의 원인이 된다.

4) 무기질

신체의 기능조절에 있어서 매우 중요한 역할을 한다.

① **칼슘(Ca)** : 인과 함께 뼈와 치아를 형성하며 혈액의 산성화를 막고 혈액을 응고시킨다. 성인의 하루 필요량은 0.5~0.7g이나 임산부나 수유부는 12g 이상이 필요하다. 부족할 때는 치아의 모양이나 발육 불량이 올 수 있다.

② **인(P)** : 골격과 뇌신경의 중요한 구성요소이며 부족하면 골 및 영양장애가 있고 저항력이 약화된다.

③ **철분(Fe)** : 70% 정도가 적혈구 속의 헤모글로빈에 함유되어 있으며 부족하면 체내의 산화작용이 악화되어 빈혈 증세가 온다. 체내 저장이 되지 않으므로 음식물을 통해서 보충한다.

④ **구리(Cu)** : 철과 함께 헤모글로빈의 생성과 재생에 필요하다.

⑤ **요오드(I)** : 갑상선 기능의 유지에 작용하며 해조류를 많이 섭취하여 보충한다.

⑥ **식염(Nacl)** : 근육 및 신경자극 등의 조절소이며 하루 15g 정도가 필요하다.

5) 비타민

생리적 기능을 조절하여 다른 영양소의 활동을 도와주는 역할을 한다.

8. 근로자의 영양관리

근로자의 작업환경 즉, 고온 작업, 저온 작업, 소음작업, 강노동 작업으로 분류하였을 때 작업별 필요한 영양소가 있다. 고온 작업시에는 식염, 비타민 A, B_1, C를, 저온 작업시에는 지방질, 비타민, A, B_1, C, D를 공급해 주어야 한다. 또 소음 작업시에는 비타민 B_1, 강노동 작업시에는 비타민류나 칼슘 강화식품을 섭취하는 것이 좋다.

Ⅴ. 인구문제와 가족계획

1. 인 구

인구란 일정한 기간에 일정한 지역에 생존하는 인간 집단을 말한다.

2. 인구문제

인구의 급속한 증가는 경제발전을 둔화시키고 부양부담을 증가시켜 식량 및 자원을 고갈시키며 도시환경의 악화로 공해문제가 대두되고 사회적 불안을 야기시킨다. 그러나 현대의 인구문제는 청년인구의 감소와 그에 따른 고령화 진행이 심각한 문제로 다가오고 있다.

3. 연령별 구성

인구의 연령별 구성을 보면 1세미만을 영아인구, 1~6세까지를 유아인구, 7~14세까지를 소년인구, 15~59세까지를 생산 인구, 60세 이상을 노년인구라 한다.

4. 가족계획

가족계획은 근본적으로 산아제한을 의미하는 것으로 출산의 시기 및 간격을 조절하여 인구문제 해결을 위한 것이라 할 수 있다. 그러나 최종적으로는 가정생활의 향상과 복지증진에 더 큰 목적이 있다고 하겠다.

Ⅵ. 산업보건 및 재해

산업 보건이란 모든 직업에서 일하는 근로자의 정신적, 육체적으로 최상의 건강을 유지하도록 증진시키며 작업환경이나 조건으로 인한 질병을 예방하고 근로자를 최적의 작업환경에 배치하여 생리적으로나 심리적으로 안정된 작업환경에서 일하도록 하는 것이다.

1. 산업 피로

피로는 정신적이면서도 육체적으로 고단하고 작업능률이 떨어지고 생체 기능의 변화를 가져오는 현상으로서 피로를 일으키는 원인을 제거하는 것이 가장 중요하다. 피로를 예방하는 가장 근본적인 방법은 충분한 휴식과 생활의 안정, 영양의 개선과 정신적 안정일 것이다.

2. 산업재해

산업재해란 순간적 사건으로 발생하여 인명적, 경제적 손실이 야기된다.

산업재해 발생 요인으로서는 관리의 결함, 생리적 결함, 작업방법의 결함이 있다. 이것을 산업재해 발생 3대 요인이라 한다.

Ⅶ. 공 해

1. 대기오염

대기오염의 주원인이 되는 기온역전은 기온의 급격한 변화로 상부기온이 하부기온보다 높은 경우에 즉, 찬 공기 위에 따뜻한 공기가 존재할 때 발생한다. 역전 현상에는 복사성 역전과 침강성 역전 등이 있으며 전자는 겨울밤에 후자는 고기압의 영향에 의해서 발생한다.

2. 수질오염

수질오염이란 폐기물 양이 증가되어 물의 자정능력이 상실되는 상태를 말하며 발생원인으로서는 도시하수, 생활오수, 공장폐수, 기타 등으로 구별할 수 있다.

3. 기 타

그 밖의 공해로는 토양오염, 소음, 진동 등이 있다.

예상문제 (이용이론)

1. 이용은 어떤 예술에 속하나?

가. 부용예술　　나. 영상예술　　다. 동적예술　　라. 전위예술

2. 청색, 홍색, 백색의 사인보드의 연결 중 틀린 것은?

가. 동맥-청색　　나. 동맥-홍색　　다. 정맥-청색　　라. 백색-붕대

3. 우리나라에서 처음으로 이용사 시험제도가 실시한 연대는?

가. 1910년대　　나. 1930년대　　다. 1920년대　　라. 1940년대

4. 바리캉의 윗날과 밑날의 성능 중 틀린 것은?

가. 밑날은 좌우로 움직여서 밑날과 함께 모발을 절단한다.
나. 밑날은 두발을 자르는 역할을 갖는 동시에 두발을 같은 길이로 간추린다.
다. 밑날은 두발을 간추리는 빗의 역할도 한다.
라. 클리퍼의 윗날에는 긴 홈이 있다.

5. 천연숫돌이 아닌 것은?

가. 막숫돌　　나. 중숫돌　　다. 고은숫돌　　라. 금강사숫돌

6. 전기 아이론이 발명된 해는?

가. 서기1900년　　나. 서기 1940년　　다. 서기 1905년　　라. 서기 1925년

7. 다음 깍기에 대한 설명 중 틀린 것은?

가. 연속깍기 : 단발 부위의 컷팅　　나. 밀어깍기 : 단발 부위
다. 밀어깍기 : 정발 부위　　라. 떠올려깍기 : 장발 부위

8. 아이론의 각부 명칭이 아닌 것은?

가. 그루브　　나. 소지걸이　　다. 로드　　라. 그루브 핸들

9. 탈모의 원인과 거리가 먼 것은?

가. 영양결핍　　나. 모유두 세포의 파괴
다. 유지성분의 부족으로 인한 모발의 건조　　라. 내분비의 장애

해 답　1. 가　2. 가　3. 다.　4. 라　5. 라　6. 라　7. 다.　8. 나　9. 다

10. 브로스 쇼트커트는 다음 중 어느 형에 속하는가?

가. 초장발형 나. 장발형 다. 중발형 라. 단발형

11. 환자에게 가장 알맞은 세발법은?

가. 에그 샴푸 나. 드라이 샴푸 다. 토닉 샴푸 라. 핫 오일 샴푸

12. 다음 샴푸 중에서 두피 및 두발의 생리기능을 향상시켜 주며 비듬도 제거하는 샴푸는?

가. 핫 오일 샴푸 나. 토닉 샴푸 다. 드라이 샴푸 라. 리퀴드 드라이 샴푸

13. 다음 샴푸제 선택의 조건 중 틀린 것은?

가. 세발 후 두발에 광택이 남아야 한다.
나. 두발이 상하지 않아야 한다.
다. 크림상으로 거품의 지속성이 있어야 한다.
라. 두피의 자극이 없는 것

14. 얼굴이 좁은 형의 가르마의 위치는 다음 중 어느 것이 맞는가?

가. 6 : 3 나. 7 : 3 다. 8 : 2 라. 3 : 3

15. 다음 두부 마사지의 기법 중에서 서로 짝지워진 것이 잘못된 것은?

가. 고타법 : 신경작용 촉진 나. 유연법 : 영양을 높이는 작용
다. 진동법 : 혈액순환 촉진 라. 경찰법 : 노폐물의 배출

16. 다음에 열거한 두부 마사지 중에서 신경작용을 갖추는 효과가 있는 마사지법은?

가. 압박법 나. 유연법 다. 고타법 라. 진동법

17. 헤어스프레이는 두피로부터 몇 cm 거리에서 분무하는 것이 좋은가?

가. 7~8cm 나. 30~40cm 다. 15~20cm 라. 10~12cm

18. 두부처치 기술에 사용되는 두발료와 정발료가 아닌 것은?

가. 헤어 다이 나. 헤어 오일 다. 헤어 토닉 라. 헤어 크림

19. 지각신경에 쾌감을 주고 혈액순환을 촉진시키는데 주로 사용하는 적당한 마사지는?

가. 압밥법 나. 진동법 다. 유연법 라. 경찰법

해 답 10. 라 11. 나 12. 나 13. 가 14. 다 15. 가 16. 가 17. 다 18. 가 19. 나

20. 염모제에 의한 중독시의 처치법은?

가. 드라이로 빨리 두발을 말린다.
나. 염모제를 씻고 탄산수소나트륨으로 완전히 약재를 씻어낸다.
다. 우선 물로 머리를 감는다.
라. 헤어 브러싱을 한다.

21. 이용사의 사명 중 적당치 않은 것은?

가. 공중위생에 만전을 기한다.
나. 새로운 유행을 손님에게 민감하게 실험, 시술한다.
다. 손님이 만족하는 개성미를 살린다.
라. 시대의 풍속을 건전하게 지도한다.

22. 두발의 염색에 관계되지 않는 것은?

가. 헤어 다이　　나. 헤어 컬러링　　다. 헤어 브리치　　라. 헤어틴트

23. 요즘 주로 가발 세정에 많이 사용되는 샴푸는 어느 것인가?

가. 리퀴드 드라이 샴푸　　나. 웨트 샴푸　　다. 에그 샴푸　　라. 핫 오일 샴푸

24. 따뜻하게 한 식물성 오일 (올리브유, 아몬드유) 등을 사용한 샴푸는?

가. 에그 샴푸　　나. 핫 오일 샴푸　　다. 웨트 샴푸　　라. 드라이 샴푸

25. 면도할 때 가장 기본적인 레이저 쥐기는 어느 것인가?

가. 프리핸드　　나. 펜슬핸드　　다. 스틱핸드　　라. 푸쉬핸드

26. 칼몸과 핸들이 일직선이 되게 똑바로 펴서 마치 가는 막대기를 쥐는 듯한 방법으로 면도를 하는 것은 다음 중 어느 것인가?

가. 백핸드　　나. 펜슬핸드　　다. 스틱핸드　　라. 푸쉬핸드

27. 린싱(rinsing)이란 다음 사항 중 어느 것인가?

가. 샴푸를 하는 것이다.
나. 샴푸액을 바르는 것이다.
다. 샴푸에 따라서 두발에서 떨어져 나간 더러움을 미지근한 물을 사용해서 헹구는 것이다.
라. 샴푸 전에 하는 것이다.

해 답　20. 나　21. 나　22. 다　23. 가　24. 나　25. 가　26. 다　27. 다

28. 아이론의 막대 손잡이를 움직여 주는 손가락은?

가. 엄지 나. 검지 다. 중지 라. 소지, 약지

29. 레이저 커트 중 세이핑 레이저와 관계있는 것은?

가. 숙련도가 높아야 한다.
나. 안전도가 있으나 비능률적이다.
다. 지나치게 자를 우려가 있다.
라. 세밀한 작업이 용이하다.

30. 아이론 웨이브 시술에 대한 다음 설명 중 틀린 것은?

가. 아이론으로 신문지를 찝어 보아서 타지 않는 정도의 온도가 적당한 것이고 연기가 나는 것은 가열된 것이다.
나. 아이론의 적당한 온도는 110~130℃이다.
다. 프랑스의 마셀 웨이브를 창안하여 1875년에 발표했다.
라. 머리카락이 부드러운 사람에게는 정상적인 두발의 경우보다 시술온도를 높게 하는 것이 좋다.

31. 팩 미안술(facial park)의 재료와 효능의 연결로 맞지 않는 것은?

가. 계란흰자 위 팩 - 세정효과
나. 호르몬 팩 - 중년층의 작은 주름에 효과
다. 왁스 팩 - 주름의 효과
라. 머드 팩 - 건성 피부에 효과

32. 면도작업시 마스크 사용의 주목적은?

가. 손님과의 대화를 방지하기 위해서이다.
나. 미관을 위해서이다.
다. 머리카락의 구강침입을 막기 위해서이다.
라. 각종 호흡기 질환의 전염을 예방하기 위해서이다.

33. 다음 중 이용업소에서 가장 많이 사용되는 면도기 종류는?

가. 일회용 일도 나. 안전 면도기 다. 보통 면도기 라. 일도 및 양도

34. 가위의 각부 명칭이 아닌 것은?

가. 착강 나. 피봇 다. 날끝 라. 보디

해 답 28. 라 29. 나 30. 라 31. 라 32. 라 33. 가 34. 가

35. 얼굴 마사지 주의점 중 틀린 것은?

가. 생리작용에 따라 순서에 맞게
나. 건성 피부는 알콜 함량이 많은 화장수를 쓴다.
다. 재빠르고 리드미컬하게
라. 코, 눈 속에 크림 등이 들어가지 않게

36. 건조성 피부에 영양을 공급하여 미용효과를 높이기 위한 팩재료는?

가. 벌꿀　나. 달걀　다. 왁스 마스크법　라. 오이

37. 영양이 부족해서 길이로 모발이 갈라지는 현상은?

가. 원형탈모증　나. 탈저균증　다. 결절염모증　라. 염모결핍증

38. 두발이 지나치게 건조하였거나 탈, 염색에 실패했을 때 가장 적합한 샴푸는?

가. 에그 샴푸　나. 핫 오일 샴푸　다. 토닉 샴푸　라. 드라이 샴푸

39. 다음 드라이어 정발의 원리 중에 맞지 않는 것은?

가. 조화미를 표현하기도 한다.
나. 외부적으로는 빗 또는 브러시로 정발을 한다.
다. 온풍을 두발에 대어서 내부적 변화를 준다.
라. 드라이어 정발은 가장 특별한 정발법이다.

40. 노화현상에서의 모발의 변화에 대한 설명 중 맞는 것은?

가. 모발의 영양 및 윤기가 계속 남
나. 탈색이 되어 영양이 없고 윤기가 떨어짐
다. 모발의 숱이 점점 많아짐
라. 모발이 잘 자라고 굵기에 변화가 있음

41. 탈모방지를 위한 두발관리와 가장 관계가 먼 것은?

가. 샴푸 후에 두피 마사지를 한다.
나. 장기적 수면장애가 없도록 한다.
다. 동물성 지방을 많이 흡수한다.
라. 두피와 두발을 항상 청결하게 한다.

해 답　35. 나　36. 나　37. 다　38. 가　39. 라　40. 나　41. 다

42. 다음 깍기의 설명 중 틀린 것은?

가. 떠올려 깍기 : 주로 단발 부위에 이용된다.
나. 지간 깍기 : 두발 구성상 중요한 기법의 하나이다.
다. 밀어 깍기 : 주로 장발 부위에 이용된다.
라. 연속 깍기 : 주로 단발 부위 컷팅에 사용한다.

43. 비듬을 제거하는 방법이 아닌 것은?

가. 비타민 B_2류를 내복 또는 주사한다.
나. 폭음, 폭식을 삼가하고 배변에 주의한다.
다. 따뜻한 물로 매일 샴푸한다.
라. 비듬방지용 샴푸를 일주일에 2~3회 샴푸한다.

44. 피대(스트롭)의 사용방법으로 틀린 것은?

가. 피대에 손상이 가지 않도록 한다.
나. 사용 전에 반드시 먼지와 때를 닦는다.
다. 피대에는 가죽과 천피대가 있다.
라. 매일 비눗물로 씻는 것이 좋다.

45. 일반적으로 아이론의 적당한 온도는?

가. 150℃ 나. 110~130℃ 다. 70℃ 라. 90℃

46. 면도할 때 칼날과 피부면과의 적당한 각도는?

가. 10~15° 정도 나. 70° 정도 다. 60° 정도 라. 30°~45° 정도

47. 면도를 쥐는 방법으로 연결이 잘못된 것은?

가. 프리핸드 : 가장기본적으로 쥐는 법
나. 푸쉬핸드 : 밀어 깍기
다. 프리핸드 : 밀어 깍기
라. 펜슬핸드 : 연필을 쥐는 듯한 면도

48. 이발기(바리캉)의 어원은 어느 나라에서 비롯된 말인가?

가. 독일 나. 미국 다. 일본 라. 프랑스

해 답 42. 가 43. 다 44. 라 45. 나 46. 라 47. 다 48. 라

49. 조발시술 전에 물을 충분히 머리에 축이는 근본적인 이유는?

가. 기구의 손상을 방지하기 위함이다.
나. 이발을 빨리 하기 위함이다.
다. 두발의 손상을 방지하기 위함이다.
라. 두발이 부드럽고 조발이 잘 되게 하기 위함이다.

50. 인체피부 표면에서 살균작용을 하거나 세균의 번식을 막는 역할을 하는 것은?

가. 땀샘 나. 지방막 다. 멜라닌 색소 라. 수분

51. 피부에 있어 흡수방지와 방어막에 대한 잘못 설명한 것은?

가. 침입물질을 선택하여 친화성이 있는 물질 밖에 통과시키지 않는 성질이 있다
나. 방어막 근처는 상층이 산성에 띄고 하층이 알카리성이다.
다. 방어막의 두께는 15~20미크론이다.
라. 방어막은 투명층이다.

52. 건강한 사람의 두발 pH의 범위에 속하는 것은?

가. pH 4.5~6.5 나. pH 2.5~3.5 다. pH 7.5~8.5 라. pH 8.5~9.5

53. 다음의 피부구조 중 진피에 속하는 것은?

가. 유극층 나. 과립층 다. 유두층 라. 투명층

54. 피부의 pH를 바르게 설명한 것은?

가. 상피자체의 pH를 말하는 것이다.
나. 피부의 진피층의 pH를 가르키는 것이다.
다. 피부 표면의 pH를 가르키는 것이다.
라. 피부의 기저층의 pH를 가르키는 것이다.

55. 다음의 피지선 중 독립피지선은?

가. 눈두덩 나. 코 주위 다. 이마 라. 손바닥

56. 모발의 중심부에 있어서 기포가 있고 원형세포가 연결된 것은?

가. 피지 나. 표피 다. 수질 라. 각질

해 답 49. 라 50. 나 51. 라 52. 가 53. 다 54. 나 55. 라 56. 다

57. 사람 두발의 일반적인 수명은?

가. 7~10년 나. 3~6년 다. 1~2년 라. 10~13년

58. 피부의 부속기관에 대해서 옳게 설명한 것은?

가. 손톱과 발톱은 표피의 각질층이 변한 것이다.
나. 지선의 수는 몸의 어느 부위도 같다.
다. 한선과 지선은 진피가 변한 것이다.
라. 한선과 지선은 피하조직이 변한 것이다.

59. 두발의 주요 구성성분은?

가. 철분 나. 비타민 A 다. 비타민 B 라. 케라틴

60. 피지선 설명 중 맞지 않는 것은?

가. 피지선이 많은 부위는 코 주위이다.
나. 피지선은 손바닥에 전혀 없다.
다. 피지선의 1일 분비량은 3~5g 정도다.
라. 피지를 분비하는 선으로 진피층에 위치한다.

61. 얼굴 피부 중에 피지선의 분포가 가장 많은 곳은??

가. 빰 주위 나. 눈 주위 다. 입술 주위 라. 코, 이마 주위

62. 손톱이 성장하는 장소로서 손상되면 손톱이 빠지는 곳은?

가. 반월 나. 조상 다. 조모 라. 조제

63. 마사지에 있어서 여드름 치료를 위하여 가장 많이 이용되는 것은

가. 자외선 나. 적외선 다. 붉은 가시광선 라. 밝은 광선

64. 손톱, 발톱은 주로 어떤 성분으로 되어 있는가?

가. 카로틴 나. 콜라겐 다. 헤모글로빈 라. 멜라닌

65. 피부를 희게하고 기미, 주근깨에 효과가 있는 비타민은?

가. 비타민 A 나. 비타민 C 다. 비타민 B_2 라. 비타민 B_1

해 답 57. 나 58. 가 59. 라 60. 다 61. 라 62. 다 63. 가 64. 가 65. 나

66. 피부를 약하게 하고 피부에 노쇠현상을 주는 식품은?

가. 과일 나. 고추, 후추가루 다. 채소 라. 육식

67. 건강모발의 pH의 범위는?

가. pH 7~9 나. pH 5.5~7.5 다. pH 4~6 라. pH 3~4

68. 입모근에 해당되는 것은?

가. 액모 나. 눈썹 다. 수염 라. 속눈썹

69. 피부색소인 멜라닌을 함유하고 있는 세포층은?

가. 각질층 나. 과립층 다. 유극층 라. 기저층

70. 다음은 시술시 시술자와 의자의 거리는 어느 것이 이상적인가?

가. 주먹 한 개의 거리다. 나. 거리는 필요없다.
다. 편리 한대로 한다. 라. 의자에 밀착한 거리다.

71. 일반적으로 조발시 왜 후두부 중앙에서부터 조발을 시작하는가?

가. 발형이 후두부에서 시작하여야 잘되기 때문에
나. 손님에게 불안감을 주지 않기 위해서
다. 아무 뜻없이 남이 많이 하기 때문에
라. 습관적으로 자연스럽게 하게 되어서

72. 보통 조발시 순서다. 다음 중 어느 것이 이상적인가?

가. 후두부-우측-좌측 나. 후두부-좌측-우측
다. 좌측-후두부-우측 라. 우측-후두부-좌측

73. 면체술시 머리부분을 모자처럼 씌우는 이유는 다음 중 무엇 때문인가?

가. 머리칼에 비누가 묻을까봐 나. 조발한 머리칼이 흐트러질까봐
다. 위생상 필요해서 라. 보기에 좋게 하기 위해서

74. 면체술시 고객의 얼굴 스팀타올은 왜 하는가?

가. 피부가 잘 늘어나게 하기 위해서 나. 감각을 없애기 위해서
다. 수염을 부드럽게 하기 위해서 라. 시술자의 손이 차가워서

해 답 66. 나 67. 나 68. 다 69. 라 70. 가 71. 나 72. 나 73. 다 74. 다

75. 톱날가위를 사용하는 목적은?

가. 정발하는데 편리하게　　나. 조발을 하는데 편리하게
다. 모발의 숱을 고르는데　　라. 기구가 있기 때문에

76. 해조류에 많이 함유되어 있는 성분으로서 모발의 발모를 활발하게 하는 성분은?

가. 요오드(I)　　나. 인(P)　　다. 칼슘(Ca)　　라. 철(Fe)

77. 염발시 실내온도는 섭씨 몇 도가 이상적인가?

가. 20°~25℃　　나. 15°~20℃　　다. 25°~30℃　　라. 30°~35℃

78. 염발한 모발이 자라난 밑부분에 염모를 하는데 어떻게 하면 얼룩이지지 않게 할 수 있는가?

가. 우선 밑자란 부분부터 도포 후 적정 시간 후 전체 모발을 재도포한다.
나. 앞전 염발 부분을 먼저 도포 후 밑부분으로 실시한다.
다. 밑부분부터 동시에 도포를 실시한다.
라. 모발 끝부위부터 모근 부분으로 실시한다.

79. 샴푸식 염발제를 1액과 2액의 혼합 후 유효시간은 일반적으로 얼마인가?

가. 30분　　나. 20분　　다. 25분　　라. 15분

80. 염발 후 드라이는 몇 시간 후가 이상적인가?

가. 1시간 후　　나. 4시간 후　　다. 3시간 후　　라. 2시간 후

81. 염발 후 콜드파마를 하려한다. 며칠 후가 가장 이상적인가?

가. 6일~7일　　나. 3일~4일　　다. 4일~5일　　라. 2일~3일

82. 피부는 일광에 의하여 비타민을 만드는 능력이 있다. 다음 어느 것인가?

가. 비타민 B　　나. 비타민 A　　다. 비타민 C　　라. 비타민 D

83. 지방성의 피부에 여드름이 많이 나타난다. 다음 어느 것 때문인가?

가. 모낭구나 모공이 막혀서
나. 피지선의 기능이 왕성하기 때문에
다. 모낭구나 모공이 커져서
라. 피지가 필요이상으로 분비될 때

해 답 75. 다 76. 가 77. 가 78. 가 79. 가 80. 라 81. 가 82. 라 83. 가

84. 다음 중 진피와 관계가 없는 것은 어느 것인가?

가. 표피와의 경계는 물결모양으로 되어 있다.
나. 표피보다 두껍다.
다. 피부의 팽창률과 경도는 이층에서 이루어진다.
라. 지방을 많이 함유하고 있다.

85. 피부 중 투명층이 많은 곳은 인체 어느 부분에 많은가?

가. 얼굴 부분　　나. 손바닥과 발바닥　　다. 손등과 발등　　라. 몸통부분

86. 피부의 구조를 대분한 것이다. 다음 중 대분한 명칭이 아닌 것은?

가. 진피　　나. 표피　　다. 피하조직　　라. 피구

87. 피부의 소한선이란 무엇인가?

가. 피부의 지문을 말한 것이다.
나. 얼굴, 손, 발바닥에 많은 작은 땀샘을 말함이다.
다. 어린이의 피부를 말한 것이다.
라. 피부의 색소를 말한 것이다.

88. 세발 또는 세면은 연수를 사용함이 원칙이다. 연수라 함은 경도 몇도 이하인가?

가. 경도 10° 이하　　나. 경도 15° 이하　　다. 경도 5° 이하　　라. 경도 20° 이하

89. 면체술시 어떤 방법이 가장 위생적이며 이상적인가?

가. 가급적이면 깊이 파도록
나. 부드럽게 수염이 난 방향으로
다. 자극을 주지 않게 수염난 반대 방향으로
라. 스팀타올을 자주 하여서

90. 상악골(인중부) 부분을 면체한다. 면도 사용이 이상적인 것은 다음 어느 것인가?

가. 면도날 안쪽으로 조심스럽게 한다.
나. 면도날 끝으로 조심스럽게 한다.
다. 면도날 중앙으로 조심스럽게 한다.
라. 편리한대로 하여도 관계없다.

해 답 84. 라　85. 나　86. 라　87. 나　88. 가　89. 나　90. 다

91. 면체술시 왜 마스크를 하여야 하는가?

가. 호흡기 질환의 전염병을 막기 위한 것이다.
나. 손님과 시술자의 건강을 위해서
다. 고객의 건강을 위해서
라. 모양으로 하여야 한다.

92. 모발은 1년 중 어느 달에 많이 자라는가?

가. 2~3월 나. 8~9월 다. 5~6월 라. 11~12월

93. 모발의 피질이 하는 역할 중 틀린 것은 다음 어느 것인가?

가. 멜라닌이 공기를 함유하고 있다.
나. 모발의 색상을 만들어준다.
다. 모발의 탈모를 방지한다.
라. 두께의 비율로 모발을 거세게 한다.

94. 모발에 장모와 단모가 있는데 단모의 길이는 다음 중 어느 것이 맞는가?

가. 0.5~1mm 나. 0.5~3mm 다. 0.5~2mm 라. 0.5~1.5mm

95. 다음 모발 중 액모라함은 어느 것인가?

가. 귀 털 나. 겨드랑 털 다. 코 털 라. 손발가락 털

96. 다음 모발 중 촉모라 함은 어느 것을 칭하는 것인가?

가. 곧은 털 나. 부드러운 털 다. 억센 털 라. 곱슬 털

97. 머리에 비듬이 많은 것은 주로 어느 비타민의 부족에 기인하는가?

가. 비타민 A 나. 비타민 D 다. 비타민 E 라. 비타민 B_1

98. 피부에 화장수를 바르면 시원한 것은 다음 중 어느 것 때문인가?

가. 알콜 나. 붕산 다. 백반 라. 글리세린

99. 카로틴(carotene)색소는 피부에 어떤 색소를 주는가?

가. 흑색 나. 황색 다. 적색 라. 백색

해 답 91. 가 92. 다 93. 다 94. 라 95. 나 96. 라 97. 라 98. 가 99. 나

100. 다음 모발 중 미모(眉毛)라 함은 다음 중 어느 것을 말함인가?

가. 머리카락　　나. 수염　　다. 코 털　　라. 눈썹

101. 다음의 제품 중에서 양모제는 어느 것인가?

가. 헤어 리퀴드　　나. 헤어 토닉　　다. 헤어 크림　　라. 포마드

102. 다음 샴푸 중 드라이 샴푸가 아닌 것은 어느 것인가?

가. 알콜 샴푸　　나. 에그 화이트 샴푸　　다. 오일 샴푸　　라. 더스팅 샴푸

103. 모발이 건조해지고 부스러지는 것을 방지하여 주기 위해 다음 어느 영양분을 섭취하여야 하는가?

가. 비타민 D　　나. 비타민 B　　다. 비타민 C　　라. 비타민 A

104. 염발제는 지속성, 반지속성, 일시성 3가지로 분류된다. 다음 중 일시성 염발제는 어느 것인가?

가. 칼라 린스　　나. 칼라스틱　　다. 점효성 칼라 샴푸　　라. 액상 탈색제

105. 다음은 역삼각형의 얼굴에 알맞은 발형은 어느 것이 이상적인가?

가. 양측면의 모발의 감량을 꼭 같이 하여 조발한다.
나. 얼굴과 관계없이 적당히 조발한다.
다. 양측 하부의 모발에 량감을 주고 양측 윗부분의 모발을 감량하여 조발한다.
라. 측면의 량감을 좌우 줄이고 정수리 부분만 살린다.

106. 직사각형의 얼굴에 알맞은 조발을 한다. 다음 어느 발형이 알맞는가?

가. 정수리 부분 모발을 감량하고 양측부는 윗부분에 조화가 되게 조절한다.
나. 직사각형의 얼굴에는 아무렇게 해도 좋다.
다. 양측 두부 모발의 감량을 줄이고 정수리 부분의 모발을 살린다.
라. 좌우상하 같이 줄여서 조발한다.

107. 다이아몬드형의 얼굴에는 다음 중 어느 발형이 이상적인가?

가. 양측두부 하부 모발은 감량하고 상부는 량감을 주어서 조발한다.
나. 다이아몬드형의 얼굴에는 아무렇게나 해도 양호하다.
다. 위아래 양측두부의 모발 감량을 하여 조발한다.
라. 양측 하부의 모발은 량감을 주고 윗부분은 감량을 하는 것이 좋다.

해 답　100. 라　101. 나　102. 다　103. 라　104. 나　105. 다　106. 가　107. 가

108. 정사각형의 얼굴모형의 조발은 다음 어느 것이 이상적인가?

가. 정사각의 얼굴조발은 아무렇게나 해도 좋다.
나. 양측두부의 모발의 량감을 줄이고 정수리 부분의 모발에 량감을 준다.
다. 양측두부 및 후두부만 량감을 하여 조발한다.
라. 양측두부의 모발을 살리고 윗부분만 줄이면 이상적이다.

109. 삼각형 얼굴 모형의 조발시 두발형은 다음 중 어느 것이 이상적인가?

가. 양측두부 하부모발의 양을 줄이고 상부 양측두부 모발을 살린다.
나. 하부는 그대로 두고 상부만 살린다.
다. 삼각형의 얼굴에는 그대로 조발하는 것이 이상적이다.
라. 상하측 두부는 다같이 량감을 주워야 한다.

110. 손톱 뿌리에 가까운 백색 반월상(속손톱)은 어떤 병자에 잘 나타나지 않는가?

가. 입병이나 귓병　　나. 콧병이나 눈병
다. 위장병이나 심장병　　라. 피부병이나 골수염

111. 모발 피부 밖으로 나와 있는 부분을 무엇이라 하는가?

가. 모모　　나. 모구　　다. 모간　　라. 모근

112. 보통 성인이면 인체에 축모(곱슬 털)로 된 부분이 있다. 다음 어느 부분인가?

가. 머리털과 수염　　나. 겨드랑과 음부에 난 털
다. 눈썹과 코 털　　라. 종아리와 가슴

113. 다음 모발 중 연모라 함은 어느 것을 말함인가?

가. 부드러운 털　　나. 겨드랑 털　　다. 억센 털　　라. 머리 털

114. 헤어 린스를 세발시에 사용하는 의미에 맞지 않는 것은?

가. 영양을 주어 두발을 보호한다.
나. 세발시 모발을 엉키지 않게 한다.
다. 세발시 남은 샴푸제의 알카리 성분을 중화시킨다.
라. 거품이 잘 일도록 돕는다.

115. 샴푸식 염발제는 혼합 즉시 사용하는 이유는?

가. 시간이 아까워서　　나. 색상이 맞나 확인하기 위해서
다. 얼룩이 질까 염려해서　　라. 고객이 지루할까 해서

해 답 108. 나　109. 가　110. 다　111. 다　112. 나　113. 가　114. 라　115. 다

116. 심한 퍼머나 아이론 또는 일광 등으로 일부 변색된 모발의 염색 방법은 다음 중 어느 것이 이상적인가?

가. 일반 방법으로 모근에서 끝으로 도포한다.
나. 일부 변색된 부분만 해도 좋다.
다. 변색 부위에 우선 도포 후 적정 시간 후 같이 전체 도포한다.
라. 일부 변색된 염발의 방법은 없다.

117. 가급적이면 염발을 피하는 시기가 있다. 다음 중 어느 시기인가?

가. 면도 직후 나. 조발 직후 다. 세발 직후 라. 퍼머 직후

118. 다음 문장은 클리퍼에 대해 설명한 것들이다. 잘못된 것은?

가. 핸드 클리퍼에는 프랑스식과 독일식이 있으며 프랑스식은 스프링이 칼날 부분에 내장되어 있다.
나. 클리퍼는 아랫날의 두께가 줄어들수록 날의 폭 및 눈폭이 좁아진다.
다. 클리퍼 날은 아랫날 앞끝이 둥글게, 윗날 앞끝은 뾰족하게 되도록 조정해야 한다.
라. 엘렉트릭 클리퍼는 전기작용으로 털을 자르는 구조로 되어 있다.

119. 다음은 조발시 직접 관계가 없는 골부는 어느 것인가?

가. 후두부 나. 유양돌기부 다. 두정골부 라. 상악골부

120. 다음은 디자인 구성의 원리다. 제일 먼저 어디에 중점을 두어야 하는가?

가. 연령에 중점을 둔다. 나. 복장에 중점을 둔다.
다. 머릿결에 중점을 둔다. 라. 얼굴에 중점을 둔다.

해 답 116. 다 117. 가 118. 가 119. 라 120. 라

예상문제 (공중보건학)

1. 세계보건기구(WHO)의 기능에 해당하지 않는 것은?

가. 국제 검역대체　　나. 보건요원훈련사업
다. 국제 문화교류　　라. 질병조사연구사업

2. 식중독 세균이 가장 잘 증식할 수 있는 온도는?

가. 18~22℃　　나. 10~20℃　　다. 25~37℃　　라. 0~10℃

3. 위생적인 음료수를 가장 잘 설명한 것은?

가. 물리, 화학적, 세균학적 오염이 없는 물
나. 맑은 물
다. 화학적 혼합물이 없는 물
라. 세균의 오염이 없는 물

4. 다음 기생충과 인체감염 원인 식품과의 연결이 틀린 것은?

가. 패흡충 - 가재, 개　　나. 유구조충 - 돼지고기
다. 간흡충 - 민물고기　　라. 유구낭충 - 쇠고기

5. 돼지고기에 의해 매개되는 기생병원충은?

가. 패흡충　　나. 무구조충　　다. 유구조충　　라. 관충

6. 다음 중 공중보건사업에 속하지 않은 것은?

가. 검역　　나. 예방접종　　다. 보건교육　　라. 암환자치료

7. 식품의 대장균 검사의 의의로 가장 옳은 것은?

가. 병원균 오염의 지표가 되므로
나. 신선도 측정
다. 대장균 자체가 식중독의 원인균이므로
라. 부패여부 판정

8. 비말전염과 가장 관계가 있는 것은?

가. 영양불량　　나. 상해　　다. 과밀집　　라. 피로

해 답　1. 다　2. 다　3. 가　4. 라　5. 다　6. 라　7. 가　8. 다

9. 다음 중 인수공통전염병은?

가. 결핵 나. 나병 다. 홍역 라. 광견병

10. 실내의 가장 접합한 습도는?

가. 80~90% 나. 30~40% 다. 10~29% 라. 40~70%

11. 이용업소에서 간염의 전염을 방지하려면 다음 중 어느 기구를 가장 철저히 소독하여야 하는가?

가. 머리빗 나. 에이프런 다. 면도날 라. 작업능률 저하

12. 다음 위생해충에 대한 구제방법 중 가장 효과적이고 근본적인 방법은?

가. 살충제에 의한 제거 나. 발생원 제거 다. 성충구제 라. 유충구제

13. 다음 기생충과 중간숙주의 연결이 잘못된 것은?

가. 유구조충, 선모충 - 돼지 나. 광절열두조충 - 게, 가재
다. 간디스토마 - 다슬기, 쇠우렁이 라. 무구조충 - 소

14. 다음 전염경로와 전염병을 연결한 것 중 옳지 않은 것은?

가. 비말전염 - 폴리오 나. 직접접촉전염 - 성병
다. 개달물전염 - 트리코마 라. 토양전염 - 파상풍

15. 다음 중 공중보건에 대한 설명으로 적절치 않은 것은?

가. 질병을 예방한다.
나. 평균수명을 연장한다.
다. 건강과 능률의 향상을 꾀한다.
라. 질병의 치료를 중시한다.

16. 실내에서 가장 쾌적한 온도범위와 습도는?

가. 21±1℃ 70% 나. 14±2℃ 40%
다. 18±2℃ 60% 라. 23±2℃ 80%

17. 다음 식품 중 칼슘을 이용되기 쉬운 형태로 가장 많이 함유하고 있는 것은?

가. 우유 나. 계란 다. 녹황색 채소 라. 쇠고기

해 답 9. 라 10. 라 11. 다 12. 나 13. 나 14. 가 15. 라 16. 다 17. 가

18. 다음 기생충 중 경피 감염되는 기생충은?

가. 십이지장충 나. 편충 다. 회충 라. 요충

19. 우리나라에서 일본뇌염을 주로 매개하는 모기의 종류는?

가. 작은 빨간 모기집 나. 정글 얼룩날개 모기
다. 토고숲모기 라. 모든 모기

20. 도시하수 처리장에서 분해되기 가장 어려운 것은?

가. 비누 나. 합성세제 다. 탄수화물 라. 단백질

21. 단백질이 가수분해되면 무엇이 생기는가?

가. 지방산 나. 글리세린 다. 글리코겐 라. 아미노산

22. 다음 중 공중보건학의 개념으로만 짝지어진 것은?

가. 육체적, 정신적, 사회적 안녕 상태 유지
나. 질병의 치료, 건강의 증진, 수명의 연장
다. 질병의 치료, 보건의 향상
라. 질병의 예방, 건강의 증진, 수명의 연장

23. 공중보건사업의 대상을 가장 바르게 나타낸 것은?

가. 질병이 있는 사람만 대상으로 한다.
나. 지역의 전체 주민을 대상으로 한다.
다. 저소득층의 빈민자만 대상으로 한다.
라. 교육수준이 낮고 비위생적인 사람만 대상으로 한다.

24. 쇠고기를 날로 먹었을 때 감염될 수 있는 기생충은?

가. 유구조충 나. 무구조충 다. 사상충 라. 긴촌충

25. 탄산가스를 실내공기 오염의 지표로 삼는 근본적인 이유는?

가. 탄산가스가 많으면 공중균등 인체에 가장 강하게 작용한다.
나. 탄산가스 측량이 다른 가스 측량보다 용이하다.
다. 오염물질 중 탄산가스가 인체에 가장 강하게 작용한다.
라. 실내 탄산가스량이 다르고 공기성분보다 비율이 높다.

해 답 18. 가 19. 가 20. 나 21. 라 22. 라 23. 나 24. 나 25. 가

26. 세계보건기구가 한 나라의 보건수준을 다른 나라와 비교할 수 있는 건강지표로 설정한 3가지 항목에 해당되지 않는 것은?

가. 비례사망자수 나. 유아 사망률 다. 조사망률 라. 평균수명

27. 다음 중 가장 대기오염의 발생빈도가 높은 기후조건은?

가. 저기압 나. 기상역전 다. 고기압 라. 저온

28. 열에 가장 쉽게 파괴되는 비타민은?

가. 비타민 A 나. 비타민 D 다. 비타민 C 라. 비타민 B

29. 파리에 의해 전염되는 전염병이 아닌 것은?

가. 장티푸스 나. 발진티푸스 다. 이질 라. 콜레라

30. 평상시 음료수의 유진잔류염소량은?

가. 0.22ppm 나. 0.2ppm 다. 0.35ppm 라. 0.3ppm

31. 다음 질병 중 쥐와 관계가 없는 것은?

가. 발진열 나. 사상충증 다. 유행성 출혈열 라. 살모넬라

32. 다음 기생충 중 피부로 감염되는 것은?

가. 회충 나. 십이지장 다. 요충 라. 편충

33. 병원소와 연결이 잘못된 것은?

가. 돼지 - 일본뇌염 나. 쥐 - 콜레라 다. 소 - 결핵 라. 개 - 광견병

34. 다음 중 자연독에 의한 식중독 원인물질과 서로 관계없는 것으로 연결된 것은?

가. 테트로톡신(tetrodotoxin) - 복어
나. 솔라닌색소(solanine) - 감자
다. 에르고톡신(ergotoxin) - 조개
라. 무스카린(muscarin) - 조개

35. 민물고기를 날로 먹었을 때 요꼬가와흡충에 감염될 수 있는 것은?

가. 은어 나. 참붕어 다. 가재 라. 피라미

해 답 26. 나 27. 다 28. 다 29. 나 30. 나 31. 나 32. 나 33. 다 34. 다 35. 가

36. 전염병의 생성의 3대요소가 아닌 것은?

가. 숙주　나. 전염원　다. 공해　라. 전염경로

37. 포도상구균 식중독의 특징이 아닌 것은?

가. 반드시 구토, 복통의 증상이 나타난다.
나. 독소형 식중독이다.
다. 엔터로톡신(장독소)은 내열성이 약하다.
라. 잠복기가 짧다.

38. 우리나라에서 감염률이 가장 낮은 기생충 질병은?

가. 페디스토마　나. 편충　다. 구충　라. 회충

39. 어류인 송어, 연어 등을 날로 먹었을 때 감염되는 것은?

가. 갈고리촌충　나. 긴촌충(광절열두조충증)　다. 간디스토마　라. 페디스토마

40. 세계보건기구가 정의한 건강의 의미를 가장 잘 표현한 것은?

가. 육체적, 정신적, 사회적 안녕이 완전한 상태
나. 질병이 없는 상태
다. 허약하지 않은 상태
라. 육체적으로 완전한 상태

41. 웰치균 식중독의 특징이 아닌 것은?

가. 잠복기가 길다.
나. 반드시 구토, 복통의 증상이 나타난다.
다. 회복이 늦고 생명이 지장이 있다.
라. 독소형 식중독이다.

42. 우리나라에서 감염률이 가장 높은 기생충 질병은?

가. 편충　나. 회충　다. 구충　라. 페디스토마

43. 공해질병인 폐기종, 신장애, 단백뇨의 유기물질에 해당하는 것은?

가. 유기수은　나. 납　다. 카드뮴　라. 구리

해 답　36. 다　37. 다　38. 나　39. 나　40. 가　41. 다　42. 나　43. 다

44. 포도상구균 식중독의 특징이 아닌 것은?

가. 고열을 일으킨다.
나. 잠복기가 짧다.
다. 장독소는 내열성이 아니다.
라. 식품취급자 손의 화농성 질환으로 감염된다.

45. 음료수에 불소가 너무 많으면 어떤 현상이 발생되는가?

가. 충치 나. 설사 다. 반상치 라. 이질

46. 수인성 전염병이 아닌 것은?

가. 세균성 이질 나. 장티푸스 다. 콜레라 라. 발진티푸스

47. 오징어, 고등어 생식 때 감염되는 것은?

가. 아니사키스증 나. 간디스토마 다. 페디스토마 라. 조충

48. 감자에서 솔라닌의 독성분이 가장 많이 들어 있는 부분은?

가. 겉껍질 나. 노란부분 다. 속알맹이 라. 싹튼 부분

49. 다음 중에서 대기오염의 지표로 일반적으로 많이 이용되는 것은?

가. 먼지 나. 일산화탄소(CO) 다. 이산화탄소(CO_2) 라. 아황산가스(SO_2)

50. 다음 보균자 중 전염병 관리에 가장 어려운 사람은?

가. 병후 보균자 나. 잠복기 보균자 다. 회복기 보균자 라. 건강 보균자

51. 물의 경도에 관한 사항 중 틀린 것은?

가. 일시 경수는 끓이면 연수로 된다.
나. 경수는 경도(프랑스식) 10도 이상의 물을 말한다.
다. 물 1*l*중 10mg의 산화칼슘에 상당하는 칼슘 이온이 함유될 때 이를 프랑스식 경도 1이라 한다.
라. 영구 경수에는 중탄산염이 함유되어 있다.

52. 다음 중에서 음료수 오염의 지표 세균으로 일반적으로 많이 이용되는 것은?

가. 결핵균 나. 대장균군 다. 장티푸스균 라. 콜레라균

해 답 44. 다 45. 다 46. 라 47. 가 48. 라 49. 라 50. 라 51. 라 52. 나

53. 수인성(水因性) 전염병으로만 짝지어진 것은?

가. 뇌염, 장티푸스　나. 콜레라, 장티푸스　다. 소아마비, 황열　라. 이질, 결핵

54. 다음 중 유전성 질환에 속하지 않는 것은?

가. 정신분열증　나. 혈우병　다. 색맹　라. 나병(문둥병)

55. 8시간 기준으로 일산화탄소(CO)의 실내의 허용한계(서한도)는?

가. 100ppm　나. 1%　다. 10ppm　라. 3%

56. 다음 질환 중 잠복기가 가장 긴 것은?

가. 감기　나. 디프테리아　다. 전염성 간염　라. 콜레라

57. 단백질이 소장에서 흡수될 단계의 상태는?

가. 포도당　나. 아미노산　다. 글리세린　라. 비타민

58. 마스크를 통과할 수 있는 미생물은?

가. 장티푸스균　나. 결핵균　다. 인플루엔자　라. 나균

59. 다음 식중독 중 일반적으로 잠복기가 가장 짧은 것은?

가. 보튤리나스균 식중독　나. 장염 비브리오 식중독
다. 살모넬라증　라. 포도상구균 식중독

60. 다음의 일산화탄소(CO)에 관한 설명 중 틀린 것은?

가. 자체는 무색, 무취, 무미의 공기보다 약간 무거운 기체다.
나. 자동차 배기가스 중에 포함되는 경우도 있다.
다. 숯이나 연탄같은 연소물이 불완전 연소하였을 때 생긴다.
라. 공기 중에 20~30% 있으면 약간의 두통이나 현기증을 유발한다.

61. 오수를 지하로 침투시켜 시간이 흐르면 오수 중의 유기물질은 어떻게 변하는가?

가. 유기물질은 그대로 남게 된다.
나. 안전한 무기물질로 분해한다.
다. 여과작용만 일어난다.
라. 유기물질은 희석되면서 주위로 분산한다.

해 답　53. 나　54. 라　55. 가　56. 다　57. 나　58. 다　59. 라　60. 라　61. 나

62. 다음 중 환자의 객담비말로 균이 배출되는 질병은?

가. 장티푸스　나. 나병　다. 유행성 이하선염(볼거리)　라. 폐렴

63. 다음 기온측정 등에 관한 설명 중 타당하지 않는 것은?

가. 기온은 실외에서는 백엽상에서, 실내에서는 통풍이 잘되는 직사광선을 받지 않는 곳에 매달아 놓고 측정하는 것이 좋다.

나. 측정할 때 수은주 높이와 측정자의 눈의 높이가 같아야 한다.

다. 백엽상의 높이는 지상 1.5m이고, 실내에서는 온도계 수은주 주머니 높이가 바닥에서 1m 높이이면 된다.

라. 정상적인 날의 하루 중 가장 낮을 때는 밤 12시, 가장 높을 때는 오후 2시쯤이 일반적이다.

64. 이·미용실에서 옮겨질 수 있는 질병으로만 짝지어진 것은?

가. 결핵, 소아마비　나. 트라코마, 결핵　다. 소아마비, 트라코마　라. 피부병, 뇌염

65. 환경위생에 대한 그 중 틀린 것은?

가. 실내공기의 오탁도의 지표로 CO_2(이산화탄소)를 많이 이용하며 서한량은 0.07~0.1%이다.

나. 먼지에 의한 신체장애는 점막질환, 금속열, 진폐증 등과 같이 결핵이다.

다. 소음 속에서 계속 작업할 경우 불안증 및 노이로제 등 신경장애를 일으킬 수 있다.

라. 가장 쾌적한 보건학적 온도는 18±2℃이나 온도가 상승하면 습도가 함께 상승하여 쾌적하다.

66. 우리나라에서 보건사업 접근방법으로서 가장 중요한 것은?

가. 보건행정　나. 의료사업　다. 보건교육　라. 위생시설

67. 이·미용실에 바퀴벌레(cockroach)가 발생하였다면 다음 중 어느 방법이 구제에 가장 효과적인가?

가. 석탄산과 승홍을 음식에 섞어 야간에 둔다.

나. 알콜과 포르마린을 주간에 분무 살포한다.

다. 생석회와 쥐약을 음식에 섞어 구석진 곳에 야간에 둔다.

라. 붕산, 아비산석회, 불화소다 등을 찐 감자 등과 혼합하여 야간에 둔다.

68. 위생해충의 구제방법으로 가장 효과적인 것은?

가. 성충 구제　나. 유충구제　다. 발생지 제거　라. 살충제 살포

해 답 62. 라　63. 라　64. 나　65. 라　66. 다　67. 라　68. 다

69. 다수인이 밀집한 실내 공기의 물리, 화학적 조성 변화로 군집독 현상이 유발한다. 설명으로 잘못된 것은?

가. 이산화탄소(CO_2)는 실내 공기의 오탁도를 판정하는 기준으로 서한량은 0.7~1%이다.
나. 실내에 산소가 7% 이하로 장시간 지속되면 질식사하게 된다.
다. 구취나 체취도 공기 중의 유해 가스와 더불어 심리에 유해작용을 할 수 있다.
라. 일산화탄소(CO)는 호흡으로 혈 중에 흡입되면 헤모글로빈과 친화성이 산소에 비하여 250~300배나 강하다.

70. 다음 중 맑은 물에서 나는 비린 냄새의 원인이 될 수 있는 것은?

가. 물에 녹은 아연　　나. 물에 녹은 납
다. 물에 녹은 철　　라. 물에 녹은 구리

71. 다음 중 환경위생을 철저히 하여도 전염의 예방에 가장 힘든 것은?

가. 뇌염　　나. 장티푸스　　다. 페스트　　라. 결핵

72. 물에서 오는 영향으로 세탁 후 흰 천이 붉게 물드는 경우는?

가. 물 속의 알칼리도가 높아서　　나. 물 속의 철분 성분이 많아서
다. 물 속의 아연 성분이 많아서　　라. 물의 경도가 높아서

73. 세계보건기구(WHO)가 한 나라의 보건수준을 다른 나라와 비교할 수 있는 건강지표로 설정한 3가지 항목에 해당되지 않는 것은?

가. 유아사망률　　나. 조사망률　　다. 비례사망지수　　라. 평균수명

74. 생활 환경의 주요한 환경 요소인 일광에 대한 설명 중 틀린 것은?

가. 가시광선의 파장은 자외선보다는 길며 적외선보다는 짧다.
나. 자외선이 피부에 닿으면 프로비타민 D(ergosterol)을 비타민 D로 변성시켜 구루병 예방에 도움을 준다.
다. 약한 피부를 건강하게 하는 데는 여름철 한 낮의 일광욕이 효과적이다.
라. 적외선은 복사열을 동반하여 지상기온을 상승시키나 너무 많이 받으면 일사병의 원인이 되기도 한다.

75. 비타민 결핍 현상을 잘못 연결한 것은?

가. 비타민 A - 야맹증　　나. 비타민 D - 괴혈병
다. 비타민 B_1 - 각기병　　라. 비타민 E - 불임증

해 답　69. 가　70. 다　71. 라　72. 나　73. 가　74. 다　75. 나

76. 다음 중 틀린 것은?

가. 눈의 보호를 위해서라면 간접조명이 직접조명보다 좋다.
나. 이·미용업소에서는 100~200Lux 정도이면 적당한 조명이라 할 수 있다.
다. 1Lux의 밝기란 1촉광의 광원으로부터 30cm 거리에 있는 빛의 진행방향과 수직으로 만나는 면의 밝음을 말한다.
라. 작업장의 조명이 적당하지 않으면 일의 능률이 저하되고 장시간 계속되면 눈병의 유발을 초래한다.

77. 가정 오수를 방류할 때 위생상 가장 문제되는 것은?

가. 물 자체 나. 무기물질 다. 산, 알카리 라. 유기물질

78. 일산화탄소(CO)와 가장 관계 없는 것은?

가. 냄새가 난다. 나. 색깔이 없다. 다. 공기보다 가볍다 라. 불완전 연소

79. 눈의 보호를 위해 가장 좋은 조명 방법은?

가. 간접 조명 나. 반직접 조명 다. 직접 조명 라. 반간접 조명

80. 다음 중 면도시 얼굴에 상처가 났을 때 옮겨질 수 있는 병원균은?

가. 대장균 나. 장티푸스균 다. 포도상구균 라. 콜레라균

81. 실내 공기의 조성변화로 유발되는 군집독(crowd poisoning)현상의 관련 설명으로 옳지 않는 것은?

가. 실내에 산소가 7%이하로 장시간 지속되면 질식사하게 된다.
나. 일산화탄소(CO)는 호흡으로 혈중에 흡입되면 헤모글로빈과 친화성이 산소에 비하여 250~300배나 강하다.
다. 구취나 채취도 공기 중의 유해가스와 더불어 심리에 유해작용을 할 수 있다.
라. 이산화탄소(CO_2)는 실내공기의 오탁도를 판정하는 기준으로 서한량은 0.5~0.7%이다.

82. 포말감염을 예방할 수 있는 환자와 대화시 최소 유지의 안전거리는?

가. 1.5m 나. 5m 다. 60cm 라. 30cm

83. 다음 중 검역전염병이 아닌 것은?

가. 황열 나. 페스트 다. 장티푸스 라. 콜레라

해 답 76. 다 77. 라 78. 가 79. 가 80. 다 81. 라 82. 가 83. 다

84. 다음 중 식중독 사례가 없는 식품은?

가. 복어 나. 고구마 다. 버섯 라. 감자

85. 공중보건의 3대 요소가 아닌 것은?

가. 수명 연장 나. 질병 예방 다. 질병 치료 라. 건강과 능률의 향상

86. 센물(경수)를 단물(연수)로 만들려면?

가. 붕사를 섞는다. 나. 탄산칼슘을 넣는다.
다. 산화칼슘을 넣는다. 라. 탄산나트륨을 넣는다.

87. 기후의 3요소를 바르게 나열한 것은?

가. 기온, 기류, 기압 나. 기온, 기습, 기압
다. 기온, 기류, 기습 라. 기후, 기류, 기압

88. 가족계획 의미와 가장 유사한 표현은?

가. 계획 출산 나. 수태 조절 다. 불임계획 라. 산아 조절

89. 식품의 대장균 검사의 의의는?

가. 병원균 오염의 지표가 되므로 나. 신선도 측정
다. 부패 여부 판정 라. 대장균 자체가 식중독의 원인균이므로

90. 일상 실내 작업에 적당한 조도의 범위는?

가. 600~800lux 나. 100~200lux 다. 400~600lux 라. 200~400lux

91. 전 세계적으로 전염이 종식된 전염병은?

가. 두창 나. 페스트 다. 나병 라. 말라리아

92. 다음 질병 중 쥐와 관계가 없는 것은?

가. 유행성 출혈열 나. 발진열 다. 사상충증 라. 살모넬라

93. 인구 증가를 가장 바르게 표현한 것은?

가. 자연 증가+사회 증가 나. 전입 인구-전출 인구
다. 연초 인구-연말 인구 라. 출생 인구-사망 인구

해 답 84. 나 85. 다 86. 라 87. 다 88. 가 89. 가 90. 나 91. 가 92. 다 93. 가

94. 실내공기의 오염지표인 것은?

가. NH_3　　나. N_2　　다. CO　　라. CO_2

95. 생후 6개월 이내에 실시되는 기본접종 전염병에 해당하지 않는 것은?

가. 장티푸스　　나. 결핵　　다. 백일해　　라. 디프테리아

96. 다음 중 살모넬라를 오염시킬 가능성이 가장 큰 동물은?

가. 쥐　　나. 소　　다. 개　　라. 토끼

97. 분뇨의 비위생적 처리로 오염되는 기생충이 아닌 것은?

가. 사상충　　나. 회충　　다. 십이지장충　　라. 편충

98. 군집독의 주요원인을 가장 잘 설명한 것은?

가. O_2의 부족
나. 공기의 물리·화학적 재조성의 악화
다. 고온다습한 환경
라. CO_2의 증가

99. 실내 공기 중에 이산화탄소(CO2)가 몇 % 이상이면 호흡곤란이 생기는가?

가. 7.0%　　나. 0.3%　　다. 0.7%　　라. 0.03%

100. 형태상으로 세균을 분류하는 것에 속하지 않는 것은?

가. 나선균　　나. 구균　　다. 진균　　라. 간균

해 답　94. 라　95. 가　96. 가　97. 가　98. 나　99. 가　100. 다

예상문제 (소독학)

1. 다음 중 아포를 형성하는 세균에 대한 가장 좋은 소독법은?

   가. 고압증기 멸균 나. 적외선 소독 다. 자외선 소독 라. 알콜 소독

2. 각종 살균제와 소독 원리를 연결한 것 중 틀린 것은?

   가. H_2O_2(과산화수소) - 가수분해(可水分解)
   나. Cao(생석회) - 산화작용
   다. 알콜 - 응고작용
   라. 석탄산 - 효소의 제한

3. 접객업소 종업원이 손을 일반적으로 소독할 때(깨끗이 씻을 때) 가장 보편적이고 많이 쓰이는 것으로 적당한 것은?

   가. 과산화수소 나. 역성비누 다. 페놀수 라. 크레졸수

4. 우유의 저온 살균법에서 실시하는 온도와 시간은?

   가. 85~90℃ 20분간 나. 62~65℃ 30분간
   다. 100~110℃ 10분간 라. 130~132℃ 2분간

5. 다음 중 피부 상처 소독에 가장 적당한 소독약은?

   가. 승홍수 나. 크레졸수 다. 머큐로크롬 라. 석탄산수

6. 석탄산 90배 희석액과 어느 소독약 145배 희석액이 같은 살균력을 가졌다면 이 소독약의 석탄산 계수는?

   가. 약 62 나. 약 1.6 다. 약 2.6 라. 약 0.6

7. 이·미용업소에서의 일반적 사항에서 수건 소독법으로 가장 적당한 것은?

   가. 석탄산 소독 나. 과산화수소 소독
   다. 자비 또는 증기 소독 라. 크레졸 소독

8. 다음 중 가열 살균시 내성이 가장 강한 균은?

   가. 뇌염 나. 간염바이러스 다. 콜레라균 라. 소아마비

해 답 1. 가 2. 가 3. 나 4. 나 5. 다 6. 나 7. 다 8. 나

9. 석탄산계수는 다음 중 어느 것을 표시하는 것인가?

가. 소독약의 살균력　　나. 소독약의 농도
다. 소독약의 잔류 강도　　라. 소독약의 잔류 시간

10. 다음 중 물에 난용성인 소독제는?

가. 승홍　　나. 크레졸　　다. 석탄산　　라. 과산화수소

11. 일반적인 방역용 소독제로 적당한 농도의 희석 석탄산 5ℓ를 만들려면 유효 농도 100%인 석탄산 몇 cc가 필요한가?

가. 1500cc　　나. 150cc　　다. 300cc　　라. 30cc

12. 자외선 소독에 가장 강한(가장 잘 견디는) 세균은?

가. 콜레라균　　나. 소아마비 바이러스　　다. 파상풍균　　라. 매독균

13. 무균실이나 무균상자에서 가장 잘 사용되는 소독법은?

가. 석탄산수 분무　　나. 자외선 등 장치　　다. 크레졸수 비치　　라. 알콜 소독

14. 석탄산의 살균작용 기전에 해당하지 않는 것은?

가. 효소계의 불활화작용(침투작용)　　나. 세포의 용해작용
다. 세균의 단백질 응고작용　　라. 중금속염의 형성작용

15. 자비소독으로 소독하려면 물을 최소 몇 도 이상 끓여야 하는가?

가. 100℃　　나. 80~85℃　　다. 60~70℃　　라. 120℃

16. 손을 소독하기 위하여 2% 크레졸액 5ℓ를 만들려면 50%의 크레졸 몇 cc가 필요한가?

가. 200cc　　나. 100cc　　다. 150cc　　라. 50cc

17. 다음 중 소독 실시에 있어 수증기를 시에 혼합하여 사용하는 것은?

가. 포르말린 소독　　나. 석회수 소독　　다. 승홍수 소독　　라. 석탄산수 소독

18. 기기류의 고압증기 멸균시 온도, 압력 및 소요시간으로 적당한 것은?

가. 100℃ 5파운드 30분간 소독　　나. 250℃ 10파운드 5분간 소독
다. 120℃ 15파운드 20분간 소독　　라. 65℃ 10파운드 30분간 소독

해 답 9. 가 10. 나 11. 나 12. 다 13. 나 14. 라 15. 가 16. 가 17. 가 18. 다

19. 다음 중 균체의 단백질을 응고시킴으로서 소독의 효과를 얻는 것은?

가. 염소　　나. 알콜　　다. 자외선　　라. 수은

20. 다음 중 아포 형성균의 살균법으로 가장 적당한 것은?

가. 고압증기 소독법　　나. 자외선 소독법　　다. 저온 소독법　　라. 화학적 소독법

21. 다음에서 소독제로서 역성비누에 대한 설명으로 틀리는 것은?

가. 3~5% 수용액이 사용이 가장 적당하다.
나. 독성이 없다.
다. 식품 소독제로 사용할 수 있다.
라. 피부 자극성이 없다.

22. 이·미용소에서 수건(타올)을 소독하는 것은 주로 어떤 균을 소독하기 위해서인가?

가. 대장균　　나. 결핵균　　다. 포도상구균　　라. 파상풍균

23. 소독약으로서의 석탄산에 관한 다음 사항 중 틀린 것은?

가. 사용농도는 3% 수용액을 주로 쓴다.
나. 금속의 부식성이 없는 장점이 있으나 유기물에 약화되는 단점이 있다.
다. 세균단백 응고작용, 세포 용해작용, 효소계의 침투작용 등으로 살균기능을 가진다.
라. 의류, 용기, 오물 및 실험대 소독에 많이 쓴다.

24. 다음 중 구내염, 인후두염 및 입안 세척에 가장 적절한 소독약은?

가. 크레졸　　나. 석탄산　　다. 과산화수소　　라. 알콜

25. 음료수 소독에 사용되지 않는 것은?

가. 염소　　나. 승홍액　　다. 표백분　　라. 자비 소독

26. 다음 중 열에 대한 저항력이 커서 자비소독으로는 사멸되지 않는 균은?

가. 결핵균　　나. 아메바성 이질　　다. 유행성 간염　　라. 살모넬라균

27. 소독제로서 승홍에 대한 설명이 틀린 것은?

가. 약의 액온(액체의 온도)이 높을수록 효과가 크다.
나. 금속을 부식시키는 성질이 있다.
다. 물에 잘 녹지 않으므로 비누액으로 사용한다.
라. 피부 소독에 0.1% 수용액이 적당하다.

해 답　19. 나　20. 가　21. 가　22. 나　23. 나　24. 다　25. 나　26. 다　27. 다

28. 석탄산 계수 측정시 처리 온도와 시간은?

가. 10℃에서 5분간 나. 20℃에서 10분간 다. 5℃에서 1분간 라. 4℃에서 5분간

29. 다음 중 소독의 정의를 가장 잘 표현한 것은?

가. 미생물의 발육과 생활작용을 제지 또는 정지시켜 부패 또는 발효를 방지할 수 있는 것
나. 병원성 미생물의 생활력을 파괴 또는 멸살시켜 감염 또는 증식력을 없애는 조작
다. 오염된 미생물을 깨끗이 씻어 내는 작업이다.
라. 모든 미생물의 영양형이나 아포까지도 멸살 또는 파괴시키는 조작

30. 다음 중 소독 약품이 아닌 것은?

가. D.D.T 나. 승홍 다. 포르말린 라. 생석회

31. 손 소독용 승홍수의 적당한 농도는?

가. 2% 나. 0.1% 다. 0.01% 라. 5%

32. 다음 소독약과 사용농도의 연결이 잘못된 것은?

가. 크레졸액 - 3% 나. 승홍 - 0.1% 다. 석탄산 - 3% 라. 알콜 - 95%

33. 물수건을 잘못 소독하여 옮겨질 수 있는 질병은?

가. 발진열 나. 트라코마 다. 뇌염 라. 황열

34. 다음 중 이·미용실내 소독법으로 가장 적당한 것은?

가. 알콜 소독 나. 생석회유 다. 과산화수소 라. 크레졸수 또는 석탄산수

35. 다음 중 알콜의 살균력이 가장 강할 때는 농도는?

가. 70% 나. 50% 다. 90% 라. 100%

36. 3%의 석탄산수로 비금속제 용기를 소독할 경우 소독용수에 몇 분간 담가야 하는가?

가. 10분 이상 나. 1분간 다. 2분간 라. 3분간

37. 환경 조건이 약화되면 세균은 점차 소멸되나 조건이 개선되면 증가하는 균은?

가. 연쇄상 구균 나. 포도상 구균 다. 아포 형성균 라. 캡슐을 갖은 균

해 답 28. 나 29. 나 30. 가 31. 나 32. 라 33. 나 34. 라 35. 가 36. 가 37. 다

38. 건열 멸균의 내용 설명 중 잘못된 것은?

가. 유리기구, 주사침, 유지, 글리세린, 분말 등에 이용된다.
나. 170℃에서 10분간 처리하는 방법이다.
다. 건열 멸균기를 사용한다.
라. 이학적 소독법에 속한다.

39. 고압증기 멸균법은 20(907.84g)파운드에서는 몇분간 처리하는 것이 적당한가?

가. 5분간 나. 8분간 다. 3분간 라. 15분간

40. 다음 중 내열성이 강해서 자비 소독으로는 큰 효과가 없는 것은?

가. 이질 아메바 영양형 나. 장티푸스균 다. 살모넬라균 라. 아포 형성균

41. 다음 중 가장 강력한 소독법이라 할 수 있는 것은?

가. 일광 소독 나. 염소 소독 다. 저온소독 라. 고압증기 소독

42. 일반 세균이 뜨거운 물에서 사멸되는 최소 시간은?

가. 60℃에서 5분간 나. 60℃에서 10분간
다. 60℃에서 30분간 라. 60℃에서 15분간

43. 다음 중 식품 소독에 가장 적절한 것은?

가. 희석 액체염소 나. 석탄산 다. 과산화수소 라. 크레졸

44. 결핵 환자의 객담 소독시 적당한 것은?

가. 크레졸 소독 나. 알콜 소독 다. 매몰법 라. 소각법

45. 마사지실에서 바이브레이터 기구를 소독하려면 어떤 소독약품으로 하여야 되는가?

가. 크레졸 나. 알콜 다. 승홍수 라. 석탄산수

46. 산화작용에 의해 살균작용을 나타내지 않는 소독제는?

가. 알콜 나. 염소 다. 과산화수소 라. 과망간산칼륨

47. 소독시 에틸 알콜의 적당한 수용액은?

가. 70% 나. 50% 다. 25% 라. 100%

해 답 38. 나 39. 라 40. 라 41. 라 42. 다 43. 가 44. 라 45. 나 46. 가 47. 가

48. 건열 멸균법으로 충분한 온도와 처리 시간은?

가. 170℃에서 2시간　　나. 100℃에서 2시간
다. 120℃에서 1시간　　라. 100℃에서 1시간

49. 결핵균의 소독이 비교적 어려운 이유는?

가. 증식률이 매우 빠르다.
나. 캡슐(capsule)을 갖고 있다.
다. 운동성이 있다.
라. 열에 강하다.

50. 역성비누액과 관계가 없는 것은?

가. 붉은색으로 살균력이 강하다.　　나. 물과 알콜에 잘 녹는다.
다. 무미, 무해하다.　　라. 자극성과 독성이 없다.

51. 빗을 소독할 때 사용하지 않는 것은?

가. 증기소독　　나. 크레졸수　　다. 자외선　　라. 역성비누

52. 과산화수소에 대한 설명 중 틀린 것은?

가. 상처소독에 사용한다.　　나. 25~35g의 수용액을 사용한다.
다. 무 포자균을 살균한다.　　라. 자극성이 강하다.

53. 종말소독법이 아닌 것은?

가. 전염원을 완전히 제거하기 위한 소독방법이다.
나. 반복소독이 필요하다.
다. 환자가 퇴원 후 소독하는 것이다.
라. 거리 수용소에서 많이 이용된다.

54. 다음 소독약을 희석하는 과정에서 식염을 첨가하면 효과가 커지는 것은?

가. 석탄산　　나. 승홍　　다. 크레졸　　라. 알콜

55. 이·미용실용 솔(브러시)의 소독방법으로 가장 적당한 것은?

가. 건열소독　　나. 자비소독　　다. 석탄산소독　　라. 증기소독

해 답 48. 가　49. 나　50. 가　51. 가　52. 라　53. 나　54. 다　55. 다

56. 고무 또는 피혁제품 소독에 부적당한 것은?

가. 포르말린수　　나. 크레졸수　　다. 석탄산수　　라. 승홍수

57. 소독력이 가장 강한 자외선의 파장은?

가. 3000Å　　나. 2600Å　　다. 2200Å　　라. 3400Å

58. 이·미용소에서 비말전염을 방지하는 방법으로 제1차적으로 취하여야 할 가장 적합한 것은?

가. 자외선 살균 등의 사용　　나. 일광소독　　다. 훈증소독　　라. 마스크의 착용

59. 다음 소독제 중 상처있는 피부에 부적당한 것은?

가. 과산화수소　　나. 승홍　　다. 머크로크롬　　라. 역성비누

60. 염소소독의 장점이 아닌 것은?

가. 조직이 곤란하다.　　나. 잔류효과가 있다.
다. 경제력이다.　　라. 강한 소독력이 있다.

61. 소독제 조제시 반드시 사용 직전에 만들어야 되는 것은?

가. 석탄산수　　나. 포토말린수　　다. 크레졸수　　라. 승홍수

62. 인체에 심한 자극을 일으키고 식물을 고사시키는 공해 유독가스는?

가. 이산화탄소　　나. 이산화질소　　다. 일산화탄소　　라. 아황산가스

63. 소독약품으로서 갖추어야 할 구비조건이 아닌 것은?

가. 안전성이 높을 것　　나. 부식성이 강할 것
다. 독성이 낮을 것　　라. 융해성이 높을 것

64. 에틸알콜(에탄올) 소독에 부적당한 것은?

가. 빗　　나. 가위　　다. 핀, 클립　　라. 면도칼

65. 다음 중 극약이나 독약에 해당되지 않는 것은?

가. 석탄산(6%)　　나. 승홍　　다. 에탄올　　라. 포로말린(2%)

해 답　56. 라　57. 나　58. 라　59. 나　60. 가　61. 나　62. 라　63. 나　64. 가　65. 다

66. 포로말린수 소독방법으로 가장 효과적인 것은?

가. 포로말린수에 5분간 담근다.
나. 포로말린수에 10분간 끓인다.
다. 포로말린수에 씻는다.
라. 포로말린수에 10분 이상 담근다.

67. 이·미용업소에서 전염될 수 있는 트라코마에 대한 설명 중 틀린 것은?

가. 예방접종으로 사전 예방할 수 있다.
나. 전염원은 환자의 눈물, 눈꼽이다.
다. 병원체는 바이러스이다.
라. 실명의 원인이 될 수 있다.

68. 균체의 단백질을 응고시켜 사멸하는 소독제인 것은?

가. 석회 나. 염소 다. 알콜 라. 오존

69. 다음 소독약 중의 적정 사용농도 표시가 잘못된 것은?

가. 0.01%의 승홍수 나. 3%의 석탄산 다. 3% 크레졸 라. 70% 알콜

70. 실내에서 8시간 기준으로 CO의 최대 허용한계는?

가. 2% 나. 1% 다. 0.1% 라. 0.01%

71. 미생물의 종류 중 가장 적은 것은?

가. 바이러스 나. 세균 다. 효모 라. 곰팡이

72. 다음 이·미용업소의 객담소독법으로 가장 좋은 것은?

가. 포로말린 나. 역성비누액 다. 3% 크레졸수 라. 승홍수

73. 소독을 할 때의 주의사항에 속하지 않는 것은?

가. 소독보관을 병에서 소독약명 등을 명기한 라벨을 붙여 두어야 한다.
나. 약품에 따라 밀폐해서 냉암소에 보존해둔다.
다. 소독력이 강한 소독약은 어떠한 소독대상물을 소독해서 좋다.
라. 소독약은 사용시마다 조금씩 새로 만들어서 쓴다.

해 답 66. 라 67. 가 68. 다 69. 가 70. 라 71. 가 72. 다 73. 다

74. 멸균에 해당하는 사항으로 다음 중 가장 적절한 것은?

가. 모든 세균 사멸 나. 비병원성균 사멸
다. 병원성균 사멸 라. 아포형성균 사멸

75. 소독용 과산화수소의 수용액 농도로 적합한 것은?

가. 5% 나. 3% 다. 1% 라. 7%

76. 미생물의 발육과 그 생활직용을 제지 및 정지시켜 부패, 변태를 방지하는 것은 무엇인가?

가. 냉장 나. 방부 다. 살균 라. 소독

77. 염소소독의 장점이 아닌 것은?

가. 냄새가 없다. 나. 조작이 간편하다.
다. 잔류효과가 크다. 라. 소독력이 강하다.

78. 석탄산 원액 30cc로 3% 희석액을 만들려면 물 몇 cc를 가하면 되는가?

가. 70cc 나. 970cc 다. 170cc 라. 1070cc

79. 포로말린소독법 중 올바른 설명은?

가. 포로말린 수용액으로 사용되지만 가스상으로 사용할 수 없다.
나. 온도가 높을수록 소독력이 강하다.
다. 온도가 높고 낮음에 관계없다.
라. 온도가 낮을수록 소독력이 강하다.

80. 석탄산 90배 희석액과 어느 소독제 135배 희석액이 같이 살균력을 나타낸다면 이 소독제의 석탄산 계수는?

가. 1.0 나. 2.0 다. 1.5 라. 0.5

해 답 74. 가 75. 나 76. 나 77. 가 78. 나 79. 나 80. 다

전년도 출제문제

1. 안면부 면체시술시 일반적으로 면도날과 피부면과의 각도로 가장 많이 적용되는 것은?

   가. 80~90° 정도　나. 60~70° 정도　다. 30~45° 정도　라. 10~15° 정도

2. 정발술에서 고전(올백)형을 브러시로 시술하려고 한다. 어느 브러시로 하여야 가장 좋은가?

   가. 도포용 브러시　나. 롤(회전)브러시　다. 평면 강모 브러시　라. 쿠션 브러시

3. 안면 면도시 따뜻한 습포(물수건)을 사용하는 주 목적은?

   가. 손님의 긴장감을 풀어주기 위하여
   나. 피부의 탄력성을 높이기 위하여
   다. 수염과 피부를 유연하게 만들기 위하여
   라. 표부의 노폐물을 제거하기 위하여

4. 둥근 얼굴형에 가장 잘 조화를 이루는 가르마는?

   가. 8 : 2 가름　나. 7 : 3 가름　다. 6 : 4 가름　라. 5 : 5 가름

5. 다음 중 틴닝과 관계가 있는 것은?

   가. 집게 가위　나. 브러쉬　다. 면도　라. 아이론

6. 식중독 발생의 원인인 솔라닌(Solanin) 색소와 관련이 있는 것은?

   가. 모시조개　나. 감자　다. 복어　라. 버섯

7. 병원에서 전문적인 이용으로 분리된 시기는?

   가. 20세기 초기　나. 19세기 초기　다. 18세기 말기　라. 17세기 말기

8. 두피처리시 양 손바닥과 손가락을 이용해서 두피를 쓰다듬어 주면서 가볍게 왕복운동, 원운동을 하여 혈액순환을 촉진시키는 마사지법은?

   가. 진동법　나. 경찰법　다. 유연법　라. 강찰법

9. 다음 중 피부소독용으로 가장 많이 사용하는 알콜 소독약은?

   가. 메틸알콜 80%　나. 에틸알콜 70%　다. 메틸알콜 90%　라. 에틸알콜 90%

해 답　1. 다　2. 다　3. 다　4. 나　5. 가　6. 나　7. 나　8. 나　9. 나

10. 건강한 중년 성인의 경우 수염은 하루에 일반적으로 얼마나 자라는가?

가. 0.01mm 이하 나. 0.06~0.08mm 다. 0.2~0.3mm 라. 0.6~0.8mm

11. 탈모를 방지하기 위하여 다음 중 가장 옳은 세발 방법은?

가. 두발의 먼지와 지방을 제거할 정도로 손바닥으로 마사지하여 샴푸한다.
나. 모근을 튼튼하게 해주기 위해 손톱으로 적당히 자극을 주면서 샴푸한다.
다. 두피와 모근을 마사지하듯 손끝으로 샴푸한다.
라. 모근에 자극을 주어 혈액순환에 도움이 되도록 브러시로 샴푸한다.

12. 산화된 피지가 쌓여 모공의 때나 코주위의 번들거림이 쉽게 눈에 띄어 세안이 중요한 계절은?

가. 겨울 나. 가울 다. 봄 라. 여름

13. 조명을 할 때 눈의 보호를 위하여 가장 좋은 방법은?

가. 간접조명 나. 반직접 조명 다. 반간접 조명 라. 직접조명

14. 승홍수의 제조시 소독력(해리)을 강하게 하기 위해서 첨가하는 것은?

가. 소금 나. 식초 다. 알콜 라. 중조

15. 가위의 강절이 연한 것은 정비할 때 숫돌면과 가위날면과의 각도는 다음 중 어느 것이 가장 이상적인가?

가. 30° 나. 35° 다. 40° 라. 45°

16. 유통증기 멸균법에 사용되는 소독기구는?

가. 자비 소독기 나. 아토크레브 다. 쉼멜부쉬 라. 코흐증기 솥

17. 다음은 표피층을 크게 나눈 것이다. 표피층과 관계가 없는 것은?

가. 망상층 나. 투명층 다. 유극층 라. 각질층

18. 피부에서 땀과 함께 분비되는 천연 자외선 흡수제는?

가. 글리콜산(glycolic acid) 나. 글루탐산(glutamic acid)
다. 우로칸산(urocanic acid) 라. 레틴산(retinoic acid)

해 답 10. 다 11. 다 12. 라 13. 가 14. 가 15. 라 16. 다 17. 가 18. 다

19. 일반적으로 면체 시술시 객의 머리로부터 시술자와의 적당한 수평 거리는?

가. 10cm 나. 20cm 다. 30cm 라. 40cm

20. 세계보건기구(W.H.O)의 본부가 있는 곳은?

가. 뉴욕 나. 파리 다. 워싱톤 라. 제네바

21. 염모제를 바른 후 적정시간이 지난 후 색상을 하였더니 표시된 색상이 아니다. 1차적으로 어떤 조치를 취하어야 하는가?

가. 염모제를 재 도포한다.
나. 발색제만 더 도포한다.
다. 염모제의 재확인이 필요하다.
라. 시간을 더 연장한다.

22. 다음 중 우리나라의 단발령과 가장 관계가 깊은 사람은?

가. 김홍집 나. 안종호 다. 김옥균 라. 서재필

23. 다음 조발용 가위 중 부분적인 조정(정비)이 쉬운 것은?

가. 전강가위 나. 착강가위 다. 톱가위 라. 집게가위

24. 두발의 아이론 정발시 일반적으로 가장 적합한 아이론의 온도는?

가. 70~90℃ 나. 110~130℃ 다. 140~160℃ 라. 160~180℃

25. 이용 시술시 이용사가 흰 가운을 입는 주된 이유로 가장 옳은 것은?

가. 위생적이며 때를 잘 식별할 수 있도록 하기 위하여
나. 업종 구별을 위해서
다. 백의 민족이므로
라. 깨끗하고 보기 좋으므로

26. 조발의 일반적인 시술 순서를 설명하는 과정에서 틀린 것은?

가. 가장 먼저 두발에 물을 고루 칠한다.
나. 5 : 5 가리마는 긴머리를 자른 후 빗으로 가리마를 가른다.
다. 가리마를 탄 후 빗과 가위로 조발한다.
라. 윗 긴머리를 자르기 전 후두부 조발을 먼저한다.

해 답 19. 가 20. 라 21. 라 22. 나 23. 나 24. 나 25. 가 26. 라

27. 다음 중 가위의 선정 방법으로 부적합한 것은?

가. 날의 두께는 두껍고 피보트가 강한 것이 좋다.
나. 양날의 견고성은 동일한 것이 좋다.
다. 도금된 가위는 선택하지 않는 것이 좋다.
라. 일반적으로 협신에서 날끝으로 갈수록 자연스럽게 약간 내곡선상으로 된 것이 좋다.

28. 마사지 시술시 대개 등, 어깨, 팔을 주물러서 푸는 마사지의 방법에 해당되는 것은?

가. 경찰법 나. 유연법 다. 진동법 라. 압박법

29. 전염병 예방법 중 제3군 전염병에 속하지 않는 것은?

가. 쯔쯔가무시증 나. 렙토스파리증 다. B형간염 라. 공수병

30. 전염병 중 인공능동면역에 의한 예방접종이 실시되고 있는 것은?

가. 후천성 면역결핍증 나. 파상풍 다. 식중독 라. 아메바성 이질

31. 전염병을 관리하는데 가장 어려운 대상에 해당되는 것은?

가. 식중독환자 나. 급성 전염병환자
다. 만성 전염병환자 라. 건강보균자

32. 건강의 정의를 가장 잘 설명한 것은?

가. 신체적으로 안녕한 상태
나. 육체적, 정신적, 사회적으로 안녕한 상태
다. 질병이 없고 허약하지 않은 상태
라. 정신적으로 안녕한 상태

33. 흡연이 인체에 미치는 영향을 바르게 설명한 것은?

가. 피부혈관을 이완시켜서 피부온도를 상승시킨다.
나. 신경반응의 지연, 신경과민증을 초래하기도 한다.
다. 구강암, 식도암 등의 원인이 되기도 한다.
라. 소화촉진, 식욕증진 등의 영향을 미친다.

34. 다음 중 알콜소독의 대상물로서 가장 부적당한 것은?

가. 가위 나. 플라스틱 용품 다. 면도칼 라. 주사바늘

해 답 27. 가 28. 나 29. 다 30. 나 31. 라 32. 나 33. 다 34. 나

35. 다음 중 개달전염(介達傳染)과 무관한 것은?

가. 책상 나. 식품 다. 장난감 라. 의복

36. 자비소독 시 금속제품이 녹스는 것을 방지하기 위하여 첨가하는 물질이 아닌 것은?

가. 2% 붕산
나. 5% 알콜
다. 5% 석탄산
라. 2~3% 크레졸 비누액

37. 아포크린샘의 설명으로 틀린 것은?

가. 소한선이라고도 한다.
나. 땀의 산도가 붕괴되면 심한 냄새를 동반한다.
다. 겨드랑이, 대음순, 배꼽주변에 존재한다.
라. 인종적으로 흑인이 가장 많이 분비하고 동양인과 백인이 가장 적게 분비한다.

38. 인체기관의 조직종류에 해당하지 않는 것은?

가. 결합조직 나. 세포조직 다. 근육조직 라. 상피조직

39. 다음 중 손톱의 구성이 아닌 것은?

가. 조체 나. 조근 다. 조상 라. 조혈

40. 알레르기의 원인이 되는 히스타민이 분비되는 곳은?

가. 랑게르한스 세포 나. 비만세포 다. 말피기 세포 라. 유극세포

41. 다음 중 공중이용시설의 위생관리 항목에 속하는 것은?

가. 영업소 실내 청소상태
나. 영업소에서 사용하는 수돗물
다. 영업소 외부 환경상태
라. 영업소 실내공기

42. 다음 중 이·미용사의 면허를 받을 수 있는 자는?

가. 금치산자
나. 면허가 취소된 후 10개월이 경과된 자
다. 대통령이 정하는 약물 중독자
라. 공중의 보호에 지장을 주지 않는 전염병 환자

해 답 35. 나 36. 나 37. 나 38. 나 39. 라 40. 나 41. 라 42. 라

43. 영업소 폐쇄명령 받은 이·미용영업소가 계속하여 영업을 하는 때의 당국의 조치내용 중 옳은 것은?

가. 당해 영업소의 간판 기타 영업표지물 제거
나. 당해 영업소의 강제 폐쇄집행
다. 당해 영업소의 출입자 통제
라. 당해 영업소의 금지구역 설정

44. 이·미용영업소가 영업정지명령을 받고도 계속하여 영업을 한 때의 벌칙사항은?

가. 1년 이하의 징역 또는 1천만원 이하의 벌금
나. 3년 이하의 징역 또는 1천만원 이하의 벌금
다. 2년 이하의 징역 또는 5백만원 이하의 벌금
라. 1년 이하의 징역 또는 3백만원 이하의 벌금

45. 이·미용영업자가 오염허용기준을 지키지 아니하며 당국의 개선명령에 따르지 않았을 때의 벌칙사항은?

가. 6월 이하의 징역 또는 300만원 이하의 벌금
나. 300만원 이하의 벌금
다. 500만원 이하의 벌금
라. 6월 이하의 징역 또는 500만원 이하의 벌금

46. 이·미용영업소에서 1회용 면도날을 손님 2인에게 사용한 때의 1차위반시 이·미용영업소에 대한 행정처분기준은?

가. 개선명령 나. 영업정지 5일 다. 시정명령 라. 경고

47. 공중위생영업자가 영업소를 개설할 때의 절차 설명 중 옳은 것은?

가. 영업소의 개설을 신고한다.
나. 영업소의 개설을 허가 받는다.
다. 영업소를 개설한 후 개설시설을 통보한다.
라. 영업소 개설 후 감독기관에서 방문할 때까지 기다린다.

48. 공중위생영업소의 위생관리 수준을 향상시키기 위하여 위생서비스 평가 계획을 수립하는 자는?

가. 대통령 나. 시·도지사
다. 시장·군수·구청장 라. 보건복지부장관

해 답 43. 가 44. 가 45. 나 46. 라 47. 가 48. 라

49. 공중위생감시원의 자격, 임명, 업무범위 기타 필요한 사항이 정해져 있는 것은?

가. 대통령령　　나. 행정자치부령　　다. 국무총리령　　라. 보건복지부령

50. 헤어드라잉을 시술하는 과정에서 단단한 헤어스타일을 만들려할 때 가장 좋은 방법은?

가. 모근부터 열을 가하여 상부로 향하면서 구부린다.
나. 머리 끝부분부터 구부려 내려간다.
다. 빗으로 자꾸만 반복하면 된다.
라. 드라이어기의 열을 높여주면 된다.

51. 집게가위를 사용하여 커트할 경우 정발 후 가장 두드러지는 미적 표현은?

가. 고전미　　나. 자연미　　다. 고정미　　라. 조각미

52. 손님의 우측 볼을 처음 면체 할 때 가장 적당한 면도기 잡는 형태인 것은?

가. 푸시핸드　　나. 백핸드　　다. 펜슬핸드　　라. 스틱핸드

53. 보통 조발시 일반적으로 조발 순서로 가장 많이 행하는 순서는?

가. 후두부 - 좌측 - 우측　　나. 후두부 - 우측 - 좌측
다. 좌측 - 후두부 - 우측　　라. 우측 - 후두부 - 좌측

54. 둥근 얼굴에 가장 알맞은 두발 가리마의 기준선은?

가. 5 : 5　　나. 6 : 4　　다. 7 : 3　　라. 8 : 2

55. 날달걀을 샴푸제로 사용하는 에그 샴푸잉에 대한 설명 중 잘못된 것은?

가. 두피의 비듬 제거용으로 가장 알맞다.
나. 두발이 지나치게 건조해져 있을 때 효과적이다.
다. 두발의 염색에 실패했을 때 효과적이다.
라. 노화된 두발에 적당하다.

56. 인체가 느끼는 불쾌지수 산출에 고려되어야 하는 사항은?

가. 기류와 기습　　나. 기류와 온도　　다. 기습과 복사열　　라. 기습과 온도

57. 다음의 소독제 중에서 계면활성제는?

가. 크레졸　　나. 승홍수　　다. 역성비누　　라. 과산화수소

해 답　49. 가　50. 가　51. 나　52. 가　53. 가　54. 다　55. 가　56. 라　57. 다

58. 다음 중 창문을 실시하는 사항이 아닌 것은?

가. 정신질환자 또는 간질병자에 해당되어 면허를 취소하고자 하는 경우
나. 공중위생영업의 정지처분을 하고자 하는 경우
다. 공중위생업의 일부시설의 사용중지 및 영업소 패쇄 처분을 하고자 하는 경우
라. 공중위생영업의 패쇄처분 후 그 기간이 끝난 경우

59. 부득이한 사유로 미리 위생 교육을 받지 아니하고 공중 위생 영업소를 개설한 자는 영업 개시일부터 몇 개월 이내 위생교육을 받아야 하는가?

가. 1개월 나. 2개월 다. 3개월 라. 6개월

60. 건전한 영업질서를 위하여 이·미용영업자가 준수하여야 할 사항을 준수하지 아니한 자의 벌칙은?

가. 1년 이하의 징역 또는 1천만원 이하의 벌금
나. 6개월 이하의 징역 또는 500만원 이하의 벌금
다. 3개월 이하의 징역 또는 500만원 이하의 벌금
라. 3개월 이하의 징역 또는 300만원 이하의 벌금

해 답 58. 라 59. 라 60. 나

찾 아 보 기

『 ㄱ 』

『ㅈ』

『ㅊ』

『ㅋ』

『 ㅌ 』

『 ㅍ 』

『 ㅎ 』

INDEX

<저자 약력>

- 이용기능장(1996년)
- 직업훈련 전문교사 2급
- 창원 기능대학 직훈교사 과정 수료
- 경성대학교 사회교육원 뷰티헤어디자인 과정 수료
- C.A.T 국제 회원 및 수석 기술강사
- (前) 한국 이용사회 중앙회 특별 강사
- C.A.T 심사위원
- 1996년 부산 이용기술대회 최우수상
- 1996년 C.A.T 일본 세계대회 한국대표 선발전 컷트부분 그랑프리 수상
- 1998년 기능 올림픽 부산지방 기능대회 심사위원
- 1999~2000년 기능 올림픽 울산 지방 기능대회 심사장
- 2000년 기능 올림픽 전국 기능대회 심사위원
- 2002년 기능 올림픽 부산지방 기능대회 심사장
- 2005년 기능 올림픽 경남지방 기능대회 심사장

이용학개론

2006년 1월 10일 초판인쇄
2006년 1월 20일 초판발행

지은이 : 박수기
펴낸이 : 이상태
디자인 : 김연지
펴낸곳 : 청구문화사
주 소 : 120-831 서울특별시 서대문구 연희 1동 436-1
전 화 : 02) 332-0541(代) FAX : 02) 337-9577
등 록 : 1990년 11월 2일 제9-247호

정가 25,000원

ISBN 89-5616-151-8 93590